누가 내 이름을
이렇게 지었어?

누가 내 이름을 이렇게 지었어?

좀벌레부터 범고래까지 우리가 몰랐던 야생의 뒷이야기

초판 1쇄 펴낸날 2020년 11월 25일
초판 4쇄 펴낸날 2021년 12월 10일

지은이 오스카르 아란다
옮긴이 김유경
펴낸이 이건복
펴낸곳 도서출판 동녘

주간 곽종구
책임편집 정경윤
편집 구형민 박소연 김혜윤
마케팅 박세린
관리 서숙희 이주원

등록 제311-1980-01호 1980년 3월 25일
주소 (10881) 경기도 파주시 회동길 77-26
전화 영업 031-955-3000 편집 031-955-3005 **전송** 031-955-3009
블로그 www.dongnyok.com **전자우편** editor@dongnyok.com
인쇄·제본 새한문화사 **라미네이팅** 북웨어 **종이** 한서지업사

ISBN 978-89-7297-977-7 (43400)

• 잘못 만들어진 책은 바꿔드립니다.
• 책값은 뒤표지에 쓰여 있습니다.
• 이 도서의 국립중앙도서관 출판시도서목록(CIP)은 e-CIP홈페이지(http://www.nl.go.kr/ecip)와 국가자료공동목록시스템(http://www.nl.go.kr/kolisnet)에서 이용하실 수 있습니다.
(CIP제어번호: CIP2020043494)

누가 내 이름을 이렇게 지었어?

EL LENGUAJE SECRETO DE LA NATURALEZA

좀벌레부터 범고래까지 우리가 몰랐던 야생의 뒷이야기

오스카르 아란다 지음
김유경 옮김

동녘

일러두기

1. [ ]는 모두 옮긴이 주입니다.
2. 인명과 지명 등의 표기는 국립국어원 외래어표기법을 따랐습니다.
   단, 외래어표기법이 제시되지 않은 경우 국내에서 통용되는 용례를 따랐습니다.
3. 단행본, 학술지, 잡지, 일간지 등은 《 》안에,
   짧은 글, 논문, 방송 프로그램, 영화 등은 〈 〉에 넣어 표기했습니다.

나의 영감이자 도움, 내가 따르는 모델인
사랑하는 부모님, 마누엘 아란다와 로사 메나께.

내 길의 빛이자 매일의 에너지인 사랑하는 마르 수로아가에게.
당신은 내 인생을 다채로운 세상으로 만들었어.

살아 있는 존재들을 통해 말하고,
모두를 위한 더 나은 세상을 만들기 위해
끊임없이 싸우는 익명의 모든 영웅에게.

차례

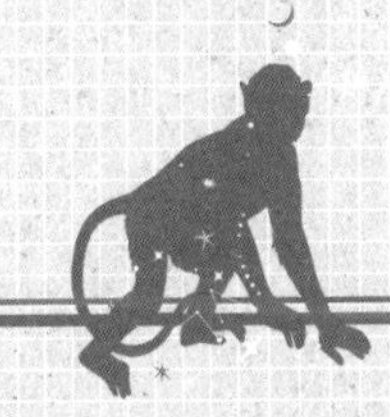

한국의 독자에게

내게 중요한 가르침을 준 동식물 중 특히 바다거북은 내 인생에 중요한 한 획을 그은 동물이다. 2010년 용감하고 훌륭한 한국 MBC TV 촬영팀이 나를 찾아왔던 일은 아직도 특별하고 좋은 기억으로 남아 있다. 하지만 그것이 수많은 놀라움과 매일 직면하는 끔찍한 상황을 모두 폭로한 마지막 다큐멘터리가 될 거라고 누가 상상이나 했겠는가? 불과 몇 달 후, 나는 촬영하는 내내 지켰던 모든 원칙 때문에 막강한 마피아들과 갈등이 생겼고, 그 결과 그 멋진 프로젝트를 뒤로하고 스페인으로 떠날 수밖에 없었다.

그때는 9월이었고, 바다거북 산란의 절정기여서 촬영에 쓸 만한 자료가 넉넉할 거라고 확신했다. 몰랐던 사실은 제작팀이 시간과 장소를 불문하고 문자 그대로 언제든 어디에나 동행한다는 것이었다. 촬영팀이 정말 안쓰러웠다! 숨 막히는 열대 더위와 끝이 보이지 않는 야간 활동, 예상치 못한 놀라움으로 가득 찬 오전 일정에 그들은 매우 지쳤고, 실제로 잠도 제대로 자지 못했다. 하지만 김 프로듀서와 통역 담당 마리오는 자신들의 임무에 최선을 다했다. 그들은 모래 위에 누워 알을 숨기고 있는 어미 거북을 촬영하다 예기치 않은 모래비를 맞기도 했고, 소형 보트에 올라탔다가 불법 어획 금지 구역에 어망을 던진 혐의로 분쟁 중인 불법 어부들과 군함들에 둘러싸이기도 했다.

마치 모든 행성이 한 줄로 정렬된 것처럼, 일어나지 않을 것 같았던 모든 일이 그 당시 우리에게 일어났다. 첫날 밤, 김 프로듀서와 마리오는 가능한 모든 각도에서 바다거북을 촬영하려고 애썼다. 기다리던 바다거북이 파도들 사이에서 마술처럼 나오는 장면을 보기 위해서 그리 오래 기다릴 필요가 없었다. 그 바다거북은 단단한 땅에 발을 딛자마자 곧바로 걸어왔는데, 모래 냄새를 맡고 기억을 더듬어가면서 알을 부화시키기에 좋은 둥지를 찾기 시작했다. 바다거북이 낳은 알은 탁구공만 한 크기로 120개나 되었다. 그날 밤, 나는 김 프로듀서의 끝없는 질문을 들으면서 경이감이야말로 우리 주변에 일어나는 놀라운 일들에 관심을 두고 예민하게 바라보도록 해주는 훌륭한 도구임을 깨달았다. 그들과 함께 해변

작업의 대부분은 올리브각시바다거북과 함께였다.
크기를 측정하고 벌레를 잡아주는 것도
보호 활동의 일부다.

몇몇 곳을 걸었는데, 그것만으로도 내 작업의 규모와 복잡성을 알려주기에 충분했다. 우리는 수많은 자연의 포식자들뿐만 아니라, 탐욕스러운 인간들과도 마주해야 했기 때문이다.

그들이 도착하기 직전, 몸에 그물 자국이 남아 있는 질식사한 어른 바다거북들을 발견했었다. 물론 다음 날 아침도 예외는 아니었다. 전날 간신히 잠들었던 나는 오전 9시쯤에 질식사할 뻔한 흔적이 보이지만 아직 살아 있는 바다거북에 대한 보고를 받았다. 우리는 빨리 해변으로 갔고, 도중에 지원을 요청하기 위해 군 담당자에게 여러 번 전화했다. 이 문제가 도대체 군과 무슨 상관이 있는지 궁금할 수도 있을 것 같다. 설명을 다 하려면 복잡하지만, 간단히 말해 바다거북은 멕시코 법으로 보호받기 때문에 그들에게 해를 끼치면 감옥에 갈 수도 있다. 나는 당국의 '의무'를 최대한 활용해서 바다거북의 알과 고기, 가죽을 이용하려는 사람들로부터 그들을 보호했다. 멕시코 해군 사무국Secretaría de Marina Armada de México〔국가의 해군이나 해병대를 관리할 책임이 있음〕은 공식적인 보호 선언 이후 바다거북 보호에 매우 중요한 역할을 담당했고, 다행히도 나는 그들과 긴밀히 협력할 수 있었다. 우리가 도착하고 몇 분 후, 기관총으로 무장한 해군들이 해변에 나타났다. 사람들 눈에 띌 정도로 키가 큰 중위가 그들을 이끌고 있었다.

우리는 그 바다거북을 살리려고 온갖 노력을 기울였지만, 안타깝게도 눈앞에서 녀석이 죽는 것을 지켜볼 수밖에 없었다. 불법 어망에 희생된 생명이 하나 더 늘어난 셈이다. 한편 그 모든 소란

속에서도 김 프로듀서와 마리오는 모든 것을 촬영했고, 당시 우리가 느낀 좌절의 증거를 고스란히 그 안에 남겼다. 이런 비극 중에서도 좋은 점이 있긴 했는데, 중위가 MBC의 국제 시사 전문 프로그램인 〈김혜수의 W〉의 에피소드〔2010년 9월 24일에 〈바다거북을 부탁해, 아란다!〉로 방영됨〕가 촬영되는 것을 알고 불법 어망 제거 작업을 볼 수 있도록 허락해준 것이다. 그 어망들은 해변 바로 앞에 쳐져 있었는데, 많은 바다거북들이 갑작스러운 죽음에 이른 원인이 분명했다. 상황을 정리한 후, 혹등고래를 연구할 때 몰던 배를 빌렸다. 그리고 어망의 주인들이 전속력으로 모는 배가 나타나면, 약간의 긴장감 속에서 그 작업을 목격하러 나갔다. 결과는 성공적이었다. 그렇게 우리는 사랑하는 바다거북들을 보호하기 위한 걸음에 한 발짝 더 나아갈 수 있었다!

김 프로듀서는 불법 활동들에 대해 더 많이 알고 싶어 했다. 한적한 해변에서 알을 훔치고 바다거북을 죽이는 불법 활동은 그리 어렵지 않았다. 이렇게 너무 쉽다는 사실은 일부 사람들이 체포되거나 투옥될 위험을 별로 신경 쓰지 않고 그런 행동을 하게 만든 문화적 동기를 형성했다. 따라서 그날 오후, 문제가 생길 때 우리를 도와줄 용감한 현지 지인의 도움을 받아 '붉은바다거북caguama(대모거북보다 약간 큰 바다거북) 알 판매 지역'(현지에서는 이렇게 부름)으로 알려진 곳에 갔다. 물론 김 프로듀서는 가방에 카메라를 몰래 숨겨갔다. 나는 현지인들과 이야기를 나누면서 우리의 관광객 친구들이 거북알의 최음제 효과를 궁금해한다고 운을 띄웠고, 팔 만한 상인들을 여기저기 찾아 나섰다. 카메라로 그들을 덮쳤다면 정말 좋았겠지만, 그들은 이상할 정도로 그런 효과에 집착하는 마리오와 생물학자인 나, 그리고 함께 간 나의 스페인인 아내가 아주 의심스러웠던 것 같다. 내가 생각해도 그렇긴 하다. 얼마나 의심스러웠는지 있지도 않은 주소를 주며 우리를 따돌렸다.

그러나 그런 좌절에도 불구하고 우리는 포기하지 않았다. 다음날 아침, 매일 밤 수십 마리의 바다거북이 죽어간다는 넓은 지역을 방문하기 위해 남부 지역으로 급히 떠났다. 그곳은 모래언덕과 초목이 가득해서 다른 지역들에 비해 범죄를 저지르기 쉬운 환경이었다. 지프차로 네 시간 동안 정글을 지났는데, 길이 좁고 거칠어서인지 매우 피곤했다. 그래서 아름다운 풍경을 즐기며 사진을 찍고 싶을 때면 언제든지 원하는 곳에서 차를 세웠다. 마침내 우리는 그 지역의 연락망이자 생물학자인 이스라엘을 만났고, 그는 모래언덕 뒤에 수백 개의 바다거북 등딱지가 흩어져 있는 이른바 '붉은 지대'라고 불리는 곳으로 우리를 안내했다. 하지만 한 시간 이상 가파른 모래언덕을 걸어 다녀도 그 딱딱한 등딱지들은 하나도 보이지 않았다. 모조리 사라진 상태였다! 이스라엘은 한 달 전만 해도 있었는데 믿을 수 없는 일이 벌어졌다며, 진짜 바다거북 공동묘지였다고 맹세까지 했다. 5년이 지나서 한 정보원이 건네준 사진을 보고 나서야 그때 무슨 일이 있었는지 수수께끼가 풀렸다. 이야기인즉슨, 고위급 환경 당국자들이 그때까지 아무런 조처를 하지 않은 사실들이 드러날까 봐 조심스럽게 부대를 꾸려 등딱지들을 제거하고 땅에 묻어버렸다는 것이다. "위의 명령입니다." 그들이 내게 해준 유일한 말이었다.

비록 '거북이 등딱지 미션'이 실패한 채 여정이 다 끝나가고 있었지만, 그 아홉 시간의 여행을 통해 마초 문화가 오늘날까지 여전히 해를 끼치고 있다는 사실과 그것이 대중들의 신념에 미치는 영향, 그리고 다른 나라들에서는 바다거북을 영적 지혜자로 여기며 얼마나 아끼고 소중히 여기는지에 대해 깊은 이야기를 나눌 수 있었다. 나는 이 다큐멘터리가 아주 잘 공개되도록 온 우주가 우리를 도왔다고 믿는다. 고백하건대 다큐멘터리에 나오는 한국말을 한마디도 이해하지 못하지만, 장면들만 봐도 그때의 기억이 되살아나고 생생한 감동을 느낄 수 있기 때문이다.

몇 주 후, 김 프로듀서는 그 프로그램이 방송에 나갔고, 시청자들에게 큰 관심을 불러일으켰다고 전해주었다. 그는 감동적인 이메일을 통해, '거북이가 엎드린 형상을 닮은 동산'이라고 불리는 곳[구지봉]에서 내려온 여섯 개의 황금알 중 하나에서 태어난 조상[가야의 시조 수로왕]에 관한 전설도 전해주었다. 전 세계의 많은 문화가 우리 삶에 더 깊은 의미를 부여하는 데 도움이 되는 전설들로 둘러싸여 있고, 그것들을 신성하게 여긴다는 사실이 정말 놀라웠다. 나는 바다거북들이 그 누구에게 아무것도 빼앗지 않고, 분명 받는 것보다 주는 것이 더 많으며, 바다와 육지 사이를 연결하는 고리라고 생각한다. 그들이 너무나도 다른 두 세계에 의존한다는 점은 근본적으로 모든 것이 연결되어 있고, 그들이 겪는 고통은 우리도 받게 된다는 사실을 상기시켜준다.

이것이 이 책의 내용이다. 바로 감각을 열고, 동물과 식물이 우리에게 말하는 것을 보고 듣고 느끼자는 것이다. 우리가 이 넓고 아름다운 별에서 하나의 구성원임을 깨달을 때 겉으로 보이는 것보다, 우리가 상상하는 것보다 훨씬 더 많은 것들을 나누게 될 것이다. 나의 세계에 온 것을 환영한다. 자연 만세!

책을 내면서

이 책은 우리처럼 가족이 있고, 서로 동맹을 맺으며, 올바른 결정을 내리고 도전하는 온갖 감정을 지닌 생명력 가득한 존재들의 세상으로 향하는 창문이다. 운 좋게도 어린 시절부터 어른이 된 지금까지 우연히 만났던 존재들의 신기한 특징과 습성, 재미있는 일화와 전설로 가득한 여행에 여러분을 초대하려고 한다.

이 여행은 태평양과 그곳 바위섬들, 멕시코 정글부터 지중해 연안과 칸타브리아산맥에 이르는 전 세계의 멋진 장소로 여러분을 안내할 것이다. 불가사의한 일들이 벌어지는 저수지를 보려고 멈추어 서고, 우리가 사는 집에도 들어가 보며, 또 눈에는 잘 띄지 않지만 우리 삶을 좀 더 쾌적하고 흥미롭게 만들어주는 존재들을 찾기 위해 책장의 책들 사이와 벽에 걸린 그림의 뒤편도 살펴볼 것이다.

내가 이 책을 쓴 의도는 눈에 띄지 않던 존재들을 눈에 띄게 만들고, 시와 노래, 이야기 속에서 그리 유명하거나 아름답지는 않지만 나름대로 흥미로운 삶을 살아가는 존재들을 주인공으로 세워주려는 것이다. 여러분이 나에 관해 조금이라도 알게 된다면, 이것이 정신 나간 생각이 아니라 자연과 삶을 바라보는 나의 관점임을 알게 될 것이다. 내가 볼 때 우리는 모두는 똑같기 때문이다. 양치류처럼 생겼든, 파리의 특징을 보이든, 개미의 용기나 갈매기의 심장을 가졌든 그런 건 별로 중요하지 않다.

이 책이 철학책이나 과학책은 아니니, 혹여라도 지레 겁먹거나 놀라는 일은 없길 바란다. 약간의 유머와 새로운 관점만 있다면, 생각했던 것보다 우리가 모두 비슷한 존재라는 걸 보여주는 책일 뿐이다. 내가 자연 세계에서 느끼는 감탄과 사랑이 여러분에게도 전염되길 바란다. 즉, 수많은 이례적인 상황과 예상 밖의 환상적 만남을 통해 내 삶에 행운을 안겨준 동물들을 향한 헌신과 나무에 대한 사랑이 온전히 전해졌으면 한다.

나를 읽고 나를 아는 일에 여러분을 초대한다. 언제나 환영이고, 여러분도 나처럼 즐길 수 있길 바란다.

들어가는 말

나를 아는 사람들은 내 생각이 이상한 게 아니라 삶을 보는 나만의 독특한 방식임을 이미 알고 있을 것이다. 나는 아주 어렸을 때부터 자연 속에서 놀면서 환상적인 모험을 하며 꿈을 발견했고, 보통의 내 또래와 다른 활동을 하면서 실생활과 동떨어진 시간을 보냈는데 어떻게 독특하지 않겠는가. 어머니는 내가 스스로 자연주의자가 된 거라고 하셨지만, 이 모든 것은 자연에 대한 사랑과 존중을 심어주신 부모님 덕분이다.

나는 멕시코에서 태어나 자랐고, 활기차면서도 조금은 외로운 삶을 살았다. "못나거나 험하게 생겼을수록 더 좋다"라는 나만의 신념을 갖고 능력이 닿는 만큼 위기에 처한 동물을 구출했다. 가족들 몰래 하긴 했지만, 내 방을 포함해 집 안 곳곳에 동물들을 들여놓았다. 초대된 이들은 독거미와 도마뱀, 새, 토끼, 뱀, 개구리 등을 포함해 그 종류가 셀 수 없을 정도로 많았다. 물론 대부분을 뒤뜰이나 정원 구석에 풀어놓았지만, 어떤 동물들은 내 방에 두기도 했는데, 어머니께 일일이 알리지는 않았다. 한 달 정도는 어머니의 눈을 피할 수 있었지만 결국은 발각되었고, 그때마다 어머니는 크게 화를 내셨다. 어머니가 화를 내신 것에 대해서는 전혀 불만이 없었다. 내 방에 들어가면 몇 주 전에 입양한 사랑하는 실험실 쥐 마틸다를 만나게 될 거라거나, 플라스틱 병 속에 있던 뱀이 지금은 우리 집 정원에 있다는 사실은 당연히 미리 알려야 하는 것이었기 때문이다.

그럼에도 항상 내 수호천사가 되어주셨던 어머니는 형들과 누나들, 그리고 가끔 이웃으로부터 나를 지켜주었다. 어머니와 나는 아주 돈돈한 사이였다. 나는 고양이 털 알레르기가 있었지만, 고양이를 보면 무조건 사랑할 수밖에 없도록 타고난 운명 때문에 어린 시절부터 천식을 달고 살면서 걱정을 많이 끼쳤다. 그 외에도 감사해야 할 일이 수두룩하다. 이로 인해 심하게 기침하며 밤새 산소마스크를 썼던 사건을 비롯해 몇 날 며칠을 눈물과 콧물 범벅으로 보냈던 건 내게 충분히 가치 있는 일이었다. 나 오스카르의 종교는 가톨릭Gatholic〔스페인어 '가토Gato'(고양이)와 '가톨릭Catholic'의 합성어로 '고양이교'라는 뜻〕이다! 나는 중독될 수밖에 없는 털을 가진, 사랑스러움과 오만방자함이 뒤섞여 이상하게 거부할 수 없는 고양이의 충실한 노예이자 엄청난 애호가다!

짐작하겠지만, 우리 가족은 들판이 펼쳐지고 많은 동물이 완전 공짜로 살 수 있는 농장이 있는 시골에서 살았다. 부모님의 집은 1980년대 내 고향 과나후아토주 레온의 교외에 자리 잡고 있었다. 2층짜리 저택이었는데, 별난 아버지 덕분에 곳곳에 문과 계단이 나 있는 특이한 집이었다. 그 당시 집과 아주 가까운 곳에는 미개발된 넓은 지역이 있어서 작은 동물을 찾으러 굳이 멀리 가지 않아도 되었다. 실제로 집 정원의 나무와 초목은 철새와 나비가 날아들기에 충분할 정도로 많았고, 주변 노천 지역에 살았던 파란 꼬리 도마뱀들도 현관문 아래로 드나들었다.

집 입구에 있던 작은 정원에는 동물들이 숨을 만한 바위가 많았다. 내가 찾은 벌레를 풀어둘 수 있는 완벽한 장소였다. 작고 습한 비밀 정원과 연결된 부모님 방은 우리에게 출입 금지 구역이었지만, 말을 잘 듣는 착한 소년은 그 누구의 눈에도 띄지 않게 그곳을 자주 들락거렸다. 거기서 나는 장님뱀blind snake을 발견했는데, 지렁이 크기의 검은 뱀이 꼬리에 달린 작은 가시를 이용해 다시 땅속으로 들어가는 모습을 보고 완전히 반했다. 또한 돌을 들어 올려 바닥에 있던 거머리와 달팽이, 민달팽이를 비롯한 수많은 집게벌레와 공벌레를 찾아보던 기억도 생생하다. 그 모든 일이 내게는 다 모험이었다!

폭우가 쏟아지던 날에는 종종 운동장에서 고학년 아이들의 손안에서 죽을 위기에 처한 두꺼비들을 구해냈고, 때로는 다른 동물을 구하기 위해 그들과 협상을 시도하기도 했다. 나는 힘으로 그것들을 빼앗아 구하는 일엔 재주가 없었다. 오히려 그 반대의 일이 벌어지곤 했다. 천식으로 운동이 금지되었던 나는 약간 마른 편이라 또래 아이들로부터 온갖 괴롭힘을 불러일으키는 데 전문이었기 때문이다. 당연히 학교에서 가장 인기 있는 학생이 아니었고, 분명 많은 사람이 나를 조금 이상하다고 생각했겠지만, 자연은 항상 나에게 힘을 주었기 때문에 그런 건 별로 신경이 쓰이지 않았다.

조금 큰 아이가 되었을 때, 부모님은 나의 위대한 모험 동반자인 풋 브레이크[바퀴에 브레이크 기능이 장착되어 있음] 달린 빨간 마시스트로니 자전거를 타고 더 멀리 다니도록 허락해주셨다. 그래서 나는 집 주변의 들판을 탐험할 수 있었으며, 매일 새로운 벌레를 찾기 위해 조금씩 더 멀리 나갔다. 큰 바위와 개울, 개미집 또는 큰 나무가 있는 지역까지는 자전거로 갔지만, 이후에는 내려서 그곳을 기어 다녔다. 지금 내 무릎이 상처가 많은 이유다!

그러나 자연에 대한 이런 깊고 진실한 열정은 모두 다 아버지 덕분이다. 아버지는 나를 시에라 데 로보스Sierra de Lobos[멕시코 레온에 있는 다양한 동식물이 가득한 자연보호구역]로 데려가기 시작했다. 그곳은 아름다운 떡갈나무 숲과 거대한 절벽으로 둘러싸여 있었고, 집에서 자동차로 한 시간이 걸렸다. 내 자전거로 가면 위로 올라가는 게 힘들어서 600시간 정도 걸릴 만한 곳이었다. 삼촌 호세 메나에 따르면, 이 산맥에 '로보lobo'(늑대)라는 이름이 붙은 건 그곳이 멕시코의 위대한 늑대 왕국이었기 때문이다. 그들은 아름다운 털을 가진 늑대 종이었는데, 불행히도 지금은 그곳에 살지 않고 더 멀리 떨어진 곳에도 없다.

아버지는 그 산악지대 경계쯤에 땅을 몇 헥타르 사셨다. 그 땅은 산에서 가장 높은 곳에 있었는데, 가기 힘든 곳이라서 선택하신 게 분명했다. '로스 아란다메날레스Los Arandamenales'(아버지께 존경을 표하려고 우리가 그의 성을 붙여서 만든 이름) 아버지는 그곳에서 일몰 때까지 즐기는 소풍을 계획하셨기 때문에, 우리는 일요일마다 모험을 떠나야 했다. 그곳에 가려면 우선 깊은 계곡 길을 따라가야 했다. 나는 차창으로 높이 나는 독수리를 볼 수 있어서 너무 즐거웠다. 빠르게 달릴 수 없는 십고 구불구불한 2차 도로에 들어서면, 아버지는 잠시 차를 세우고 우리를 트럭 지붕에 올라갈 수 있게 해주셨다. 그 위에 올라가면 나뭇가지가 얼굴에 부딪히지 않도록 피하는 게 너무 재미있었다. 내 앞에 앉아 있던 마누 형이 "라모나!"〔어린이 소설 주인공으로 모험을 즐기며 틀에 박힌 어른들의 세상을 거부하는 소녀〕라고 외치면, 우리 모두 가지를 피하기 위해 곧장 목을 숙이고 몸을 웅크리며 방향을 돌렸다. 불행히도 끝에 있던 나는 나뭇가지를 피하려다가 항상 부딪혔다. 그 장소에 도착하기 직전에 저수지를 가로지르는 좁은 다리를 통과해야 했는데, 한번은 아버지가 가장 장난꾸러기인 우고 형에게 화를 아주 많이 내셨다. 형은 그곳에 나뭇가지나 바위가 있는지, 물깊이가 어느 정도인지 알지도 못하면서 무조건 트럭 지붕에서 뛰어내릴 생각만 했기 때문이다. 나는 그 일이 그가 다치지 않고 기적적으로 해낸 위대한 업적 중 하나라고 생각한다. 그는 하는 일마다 실수로 다치는 일이 많았기 때문이다. 물에 빠진 우고 형은 우리에게 물속이 맑고 금붕어가 가득하다고 말해주었다. 얼마나 순진했는지!

그곳에 도착하면 우리는 곧바로 그 땅의 경계를 따라 의식을 치르듯 걸어 다녔다. 그러고 나서 형제들과 아버지는 잠깐 축구를 했다. 하지만 나는 달리기를 할 수 없었기 때문에, 어머니와 누나들과 주변을 어슬렁거리며 이미 알고 있는 동물들을 찾아다니거나 좋아하는 장소로 가서 놀곤 했다. 그곳에서 긴 몸과 짧은 다리를 가진 매우 희귀한 도마뱀, 그리고 지난날 아버지의 만류로 가까이 가지 못했던 아름다운 방울뱀을 보았다. 개구리와 토끼 굴도 있었고, 다리가 긴 설치류로 꼬리 끝에 털 뭉치가 있는 친숙한 캥거루쥐를 봤던 기억도 난다. 먹이를 직접 주었는데 전혀 무섭지 않았고, 캥거루쥐가 숨어 있다가 나오는 걸 볼 때마다 정말 기분이 좋았다. 몸집이 작은 녀석이 바위에 올라와 내가 둔 견과류를 먹었는데, 그 친구가 혼자 있는 걸 볼 때면 왠지 모르게 가장 친한 친구를 보는 듯한 느낌이 들었다. 아마도 우리는 진짜 친구였던 것 같다. 온 가족이 떡갈나무 아래에서 식사를 마치고 나면, 그곳에 있던 세 계곡 중 한 곳으로 갔다. 그 계곡은 다른 계곡과 연결되어 있었고, 다른 계곡도 또 다른 계곡과 연결되어 있었다. 우리는 잠자리와 거북이, 물뱀을 보았다.

세월이 흐르면서 나는 그 산의 구석구석을 손바닥 들여다보듯

훤히 잘 알게 되었다. 내 어린 시절은 흙탕물을 묻히고 온갖 종류의 야생동물을 구조하며 그들에 대해 많은 것을 배웠던 시간이었다. 또 일 년에 두 번, 가장 기다리던 때도 있었다. 바로 방학! 부모님은 큰 노란색 포드 트럭에 열 명이나 탈 수 있는 트레일러를 연결해 우리를 태우고 동서남북 어디든 데리고 다니셨다. 이 차는 사람들의 손이 잘 닿지 않고 생명력과 아름다움이 가득한 곳에서 일주일 내내 캠핑할 수 있을 정도로 기본적인 편의 시설을 갖추고 있었다. 부모님은 수많은 보드게임과 음악과 음식 등을 제공해주셨다. 하지만 이것만으로는 다섯 명의 아이가 에어컨도 없는 차로 여행하며 8~12시간을 버티기는 힘들었다.

종종 여행 계획 때문에 야영지가 바뀌기도 했다. 어떨 때는 바다, 어떨 때는 산으로 향했다. 부모님이 우리를 정기적으로 데리고 갔던 바다는 집에서 800킬로미터 떨어진 태평양 연안에 있었다. 그곳은 큰 파도가 넘실거리는 커다란 부두가 있는 마법 같은 장소였다. 부드러운 모래로 덮인 길은 종일 걸어도 부족할 정도로 길었다. 또한 밤낮없이 생명력으로 넘치는 곳이었다. 그곳에서 난 생처음 바다거북들과 박쥐들, 스컹크들을 만났다. 종종 다른 위험하고 해로운 존재들과도 마주쳤지만, 뭣 모르는 순진한 어린 시절에는 그런 사실을 전혀 알지 못했다. 언젠가 검은색과 노란색이 뒤섞인 아름다운 바다뱀 수십 마리가 물로 돌아가지 못한 채 해변에 있는 걸 보고, 손으로 집어 셔츠 속에 넣은 후 한 마리씩 꺼내 가능한 한 바다 멀리 그들을 던져주었다. 몇 년 후 나는 그들이 가진 독에 해독제가 없다는 사실을 알게 되었다. 그때 물리지 않았던 건 정말 행운이었다. 그래서 종종 내 뒤에는 천방지축 동물들로부터 구해주는 천사 군대가 있다는 생각이 든다.

어느 날 누군가 우리 가족이 하는 일에 대해 '정상'이 아니며 매우 '이상하다'고 말한 적이 있다. 나는 부모님이 왜 우리를 그런 외딴곳으로 데려가셨는지 따로 생각해본 적이 단 한 번도 없었다. 내가 볼 땐 세상에서 가장 정상적인 일이었기 때문이다. 그분들은 늘 위대하고 만족할 줄 모르는 위험한 모험가였고, 그때만 해도 멕시코는 사냥꾼이나 마약 상인에 대한 두려움 없이 야외 생활을 즐길 수 있는 매우 안전한 나라였기 때문이다. 그게 '이상한' 일이라면, 나는 영원히 괴짜로 살고 싶다!

아버지가 그런 독특한 장소를 선택한 건 자연에 대한 큰 사랑 외에도 두 가지 이유가 있다고 생각한다. 첫째, 그는 훌륭한 사진작가였다. 이 일은 그가 의학 교수이자 외과 의사로서 하는 수많은 일만큼이나 많은 시간을 쏟아부어가며 완벽하게 병행한 삶의 일부분이었다. 지금도 어떻게 그때 아버지가 그 모든 일을 할 수 있는 시간과 에너지가 있었는지 설명할 길이 없다. 두 번째 이유는, 이곳에 있을 때는 응급 콜에 대한 걱정 없이 우리와 시간을 보낼 수 있었기 때문이다. 그는 매일 너무 많은 고통스러운 상황을 마주하고 환자를 가까이에서 계속 치료해야 했기 때문에 그 일과 거리를 두고 연결을 끊는 게 필요하다고 생각한 것 같다. 자연과의 만남은 몸과 정신을 치유하는 약이자, 생명을 구하는 데 없어서는 안 될 약이었다. 비록 운이 좋게도 모든 게 해피엔딩이었지만, 얼마나 많은 여행과 모험, 사고가 있었는지 말로는 다 할 수가 없다!

나는 자연 덕분에 혼란한 청소년기에서 벗어날 수 있었고, 드디어 내 안에 수의사의 영혼과 탐험 정신을 지닌 생물학자가 있다는 것을 알게 되었다. 그 순간이 되자, 부모님은 늘 그렇듯이 집을 떠나 전문적인 공부를 시작할 수 있도록 지지해주셨다. 아마 그들은 가장 어린 막내아들이 대문을 나섰을 때 큰 축하 파티를 열었을 것이다. "마침내 우리 둘만 남았군, 드디어 우리만 남았어!"라고 외치며 기뻐 뛰셨을지도 모른다.

이후에 나는 과달라하라대학교에서 생물학을 공부하기 시작했는데, 그 건물 5층에서 처음으로 큰 지진을 경험했다. 모든 사람이 건물에서 달려 나가는 동안, 믿기지 않겠지만 나는 발코니 쪽으로 나가 그 장면을 즐겼다. 너무 골치 아픈 분자생물학만 빼면 매일 놀라운 것을 배웠고, 매 순간 모든 과정을 최고로 즐겼다.

나는 산호초 물고기에 관심이 많은데, 태평양에서 가장 크고 아름다우며 깊고 큰 만灣 중 한 곳에 있는 유명한 관광지이자 낙원 같은 도시 푸에르토바야르타Puerto Vallarta의 대학 캠퍼스로 갔다. 그곳에서 바닷속 탐험을 하며 수많은 시간을 보냈다. 어쩔 수 없이 거기서는, 내가 고집스럽게 지키던 '절대 혼자 있지 않기'라는 규칙을 어기게 되었다. 덕분에 수중에서도 천사들이 우리를 돌본다는 결론을 내릴 수 있을 만큼 가장 놀랍고도 위험하며 영적으로 풍성한 경험을 했다.

나는 최면을 거는 듯한 혹등고래의 노랫소리를 들으며 15미터 깊이의 물속에서 즐겁게 일했지만, 그곳에서 바다거북이 매일 겪었던 (그리고 여전히 겪는) 끔찍한 불의를 발견했을 때, 삶은 나를 위해 또 다른 길을 준비했다. 여기에서는 그것이 얼마나 불쾌한 일인지 자세히 말하지는 않을 것이다. 하지만 그 잔인한 행동을 목격한 후 내 머리와 마음속에서 무언가 찰칵하는 소리가 났고, 그들을 보호하기 위해 몸과 영혼을 바치기로 마음먹었다. 그렇게 나는 바다거북 전문가의 길로 들어섰다. 12년 이상 전문적인 지식을 쌓으며 점점 더 그들을 이해하고 보호하게 되었다. 갑자기 그 일을 그만두고 스페인으로 오기 전까지는.

우선 푸에르토바야르타에서 바다거북을 보호하는 프로젝트를 만들었다. 그리고 수많은 노력 끝에 군대, 지역 당국, 경찰, 큰 호텔 체인, 익명의 많은 자원봉사자들의 참여를 끌어냈다. 처음으로 모든 분야의 참여자들이 조정된 방식으로 일할 수 있게 되었다. 그 일은 몇 년간 잘 이루어졌고, 시가 관리하는 해안 지역 전체에서 시행되었는데, 모두가 놀랍도록 각자 맡은 부분을 잘 수행했다. 내가 거북과 그들 둥지를 관리하기 위한 코스와 훈련을 제공하려고 해군 기지나 경찰 기지에 나타나면, 사람들은 "생물학자가 왔다"고 소리쳤다.

나는 안전하게 보호받고 있었고, 아주 행운이 많은 사람이라는 생각이 들었다. 점점 더 많은 바다거북 둥지가 보호를 받게 되었

푸에르토바야르타 해변에서
바다거북을 호위하고 있는
멕시코 군인.

기 때문이다. 겨울에는 또 다른 일에 열정을 쏟으며 삶의 균형을 완벽하게 맞출 수 있었다. 장엄한 향유고래들에 대해 전문적으로 조사하며 그들과 수많은 모험을 한 것이다. 거북 시즌이 끝나면 고래들이 만에 도착하기 시작했고, 고래 시즌이 끝나면 거북 시즌이 시작되었다. 어느 쪽이 되었든 덕분에 나는 해변이나 바다에서 모든 시간을 보냈다.

한편 마약 밀매는 불행히도 멕시코 전역에 퍼진 암과 같은 존재이다. 푸에르토바야르타는 2000년대 중반에 그런 고통을 겪기 시작했고, 내가 순찰한 일부 지역은 마약 밀매망 때문에 더 많은 어려움을 겪었다. 거북알이 최음제라는 멍청하고 근거 없는 믿음 때문에 바다거북의 알과 고기가 은밀하게 불법 거래되었다. 정말 말도 안 된다! 게다가 거북 고기는 특정 영역(예컨대 마약 밀매업자)에서 권력의 표시로 아주 비싸게 팔린다. 그도 그럴 것이 멸종 위기 동물이고, 그걸 먹는 게 국가 범죄일 정도로 귀하기 때문이다. 그럼에도 어떤 사람들은 여전히 파티에서 '바다거북' 요리를 제공하고, 정원에서는 재규어를 펼쳐놓고 전시한다.

어느 밤, 둥지를 트는 기간이 되면 바다거북들은 알을 낳기 위해 수십에서 최대 수백 마리가 해변으로 나온다. 이는 약 45분 정도 진행되는 매우 조심스러운 과정이다. 일부 거북은 감시가 가능한 호텔들이 있는 해변에 둥지를 틀지만, 다른 많은 거북은 사람이 없는 한적한 해변에서 둥지를 튼다. 그래서 마음만 먹으면 누구라도 알을 훔치고 어른 거북을 잡아 도망칠 수 있다. 그래서 나는 종종 사륜차를 타고 해변 순찰을 나갔다. 때로는 경찰이나 시의 환경 조사관이 동행했지만, 보통은 혼자서 했다. 나는 종종 밀매꾼들의 마음을 돌이키기 위해 경찰 라디오를 크게 틀고 다니거나 롱라이트 플래시를 들고 다녔다. 알 도둑들은 멀리서 그 빛이 보이면 맹그로브 숲 사이에 몸을 숨겼다.

때때로 '카구아메로Caguameros'도 나타났는데, 이들은 미리 주문받은 거북 고기를 팔기 위해 바다거북을 죽이는 사람들을 말한다. 거북들의 흔적을 살펴보면 바다로 돌아갔는지, 아니면 사라졌는지 감지할 수 있었다. 어떤 흔적들은 해변에서 잡혀갔다는 것을 말해주었기 때문에, 죽기 전에 그들을 찾는 시간은 일분일초가 매우 긴박하게 돌아갔다. 무슨 일이 일어났는지 알아보기 위해서는 거북과 사람, 모래 위 차량의 트랙을 해석하는 방법을 알아야 했기에 이 일은 탐정 작업과도 같았다. 아주 오래 걸리긴 했지만 살아 있는 채로 발견할 때도 종종 있었다. 한번은 풀숲에서 뒤집힌 채로 가죽이 벗겨지기 직전에 있던 어른 거북을 구했는데, 그때만큼 큰 만족을 느꼈던 적은 없었다. 그래서 협박을 받는 일이 다반사였지만 그때까지는 말로 하는 협박일 뿐 행동으로 나타나지는 않았다.

이후 지역사회의 참여 덕분에, 거북이를 잘 보존해야 하고 이것이 지역의 상징이라는 인식이 분명해지기 시작했다. 기업들뿐만 아니라 학교들도 이에 대한 교육과 인식 강화를 위해 나를 초대했다. 수년에 걸쳐 이루어진 이 프로젝트는 지역과 국영 언론이

다룰 정도로 매우 영향력이 커졌다. 이 프로젝트에서 얻은 가장 큰 성과를 하나 꼽는다면 자원봉사자들이었다. 열정 넘치는 참여자들에게 거북에 대한 사랑과 그들 삶에 관해 잘 알려지지 않은 지식을 전파할 기회를 얻었다. 신기한 건 자원봉사자 대부분이 스페인에서 온 사람들이었고, 그들은 정말 이 일을 돕고 싶어 했다는 점이다.

운명처럼 내 삶에 다가온 사람 중에 마르라는 여성이 있었는데, 그녀는 자원봉사자로 왔다가 내 오른팔이 되었다. 가여운 여인 같으니! 나는 그녀가 아주 용감하고, 해변에서 둥지를 지키기 위해 여러 사람과 맞설 만하다는 걸 알았지만, 얼마나 겁을 줬는지 모른다! 그럼에도 나를 아주 잘 참아주었다. 그녀와의 만남은 모험과 드라마의 감동이 담긴 로맨틱 코미디 영화 같았다. 그녀는 모험심은 가득했지만 사랑이 텅 빈 한 남자를 구하기 위해 왔고, 그 기사는 사복 경찰 몇 명이 그녀를 체포해가는 것을 보고 용감하게 구해주었다. 야간 순찰, 알에 대한 박해, 새끼들이 끝없이 태어나는 밤, 피로로 인한 기절, 보아뱀과 악어, 함께 경험한 일련의 불행하고 재미있는 사건과 만남 속에서 우리는 사랑에 빠지게 되었다. 그녀는 항상 친구들에게 이렇게 말한다. "거북이들 때문에 갔는데, 거북맨을 얻게 되었지 뭐야."

같은 해에 CNN 팀이 프로젝트 기지를 옮겨 우리가 하는 작업에 대한 특별 르포를 제작했고, 얼마 지나지 않아 한국 MBC도 이 프로그램을 제작했다. 그렇게 우리는 그들과 함께 훌륭한 조사 고발 르포를 만들 수 있었다. 그런데 매우 심각한 문제가 발생했다. 다행히도 나에게 좋은 친구들이 있었는데, 그들 중 한 명이 '인적이 없는 곳'이라고 생각되는 아주 위험한 지역의 순찰은 중단하라고 미리 경고해주었다. 그곳은 강 입구에 있던 지역으로, 두 개의 주가 갈리는 장소였다. 상황을 더 복잡하게 만드는 건 지역 주변이 맹그로브 숲으로 둘러싸여 있다는 사실이었다. 이곳이 위험한 이유는 바다에서 마약을 실은 뱃짐이 도착하기에 안성맞춤인 장소였기 때문이다.

감시가 잘 이루어지는 곳에서 거북알 도난에 대한 시민들의 신고가 많아진 후, 나는 경찰이 수거한 모든 거북알과 둥지가 어디로, 또 어떻게 사라졌는지 조사하기 시작했다. 안타깝게도 경찰들이 매일 많은 양의 알을 훔치는 일에 관여했다는 사실을 발견했다. 우연히 어쩌다가 일어난 일이 아니라, 경찰 공식 차량이 사용되었기 때문에 어느 정도 계획된 일이라고밖에 볼 수 없었다. 나는 이 일에 공개적으로 불만을 표명했고, 당국은 즉시 나에 대한 모든 지원을 철회했다.

다음 날, 나는 또 다른 두 명의 좋은 친구로부터 전화를 받았다. 첫 번째 친구는 늘 나를 지원해주고 내가 청렴한 사람이라는 게 존경스럽다고 했던 해군 간부였다. 그는 나에게 어떤 종류의 지원도 하지 말라고 명령을 받았다며, 혼자 두어서 미안하고 몸 조심히 잘 지내라고 했다. 두 번째 친구는 지방자치단체의 중간 간부였다. 그는 어떻게 내가 '윗선'을 화나게 했는지 확인한 후, 밤에 그들이 찾아갈 수 있으니 다시는 그곳을 순찰하지 않는 게 좋겠다고 귀띔해주었다.

마르는 개인 사정으로 스페인에 돌아가야 했고, 나는 그녀와 통화한 후 내 삶을 바꾸기로 결단을 내렸다. 나와 엮인 모든 문제를 정리하고 가족과 몇 주를 보낸 후, 가방에 책과 기대를 잔뜩 채우고 마드리드로 날아갔다. 그곳에서 마르가 친구들과 함께 나를 기다리고 있었고, 멕시코 집에 있는 것처럼 편하게 대해주었다.

나는 알리칸테[스페인 동남부 지중해에 접한 항구 도시]에 도착해 생전 처음 맛보는 행복을 느꼈다. 언제라도 두려움 없이 집 밖을 나설 수 있었고, 진심으로 도와주는 경찰들도 있었다. 나는 지중해의 수정 같은 물과 아름다운 푸른색에 감탄했다. 곧, 나는 위기에 처한 생물학자로서 일자리를 찾는 데 집중했다. 하지만 2년이 지나도록 그곳에서 아무런 일을 하지 않고 있었는데, 멕시코 푸에르토바야르타에서 다시 여러 제안을 해왔다. 이제 그곳 상황이 어느 정도 진정된 것 같았다. 그래서 마르와 나는 다시 멕시코로 돌아가기로 마음먹었다. 이번에는 가족들, 즉 우리 딸인 두 마리의 개와 사람 나이로 여든 살 정도 되는 암고양이와 함께였다. 멕시코의 가족들은 우리가 돌아온 것을 기쁘게 맞아주었다. 그들과 얼마간의 시간을 보낸 후, 우리는 다시 푸에르토바야르타로 이사했다. 그곳에서 동물 돌봄 기관(주로 길거리 동물들과 가난한 가정의 반려동물들을 위한 NGO 같은 곳)을 세우고, 전문 가이드로서 혹등고래와 관련된 일에 다시 집중했다.

아마 멕시코에서 했던 약 2년간의 일만 써도 책 한 권은 거뜬히 나올 것이다. 거기에 포함될 일화 중 하나는 연방 환경 감독관(스페인의 자연보호 서비스SEPRONA와 동일한 업무)으로 일하다가('SEPRONA'는 사냥과 낚시 산업으로부터 자연보호 및 관리를 담당하는 스페인 민간 감시대이다), 시작한 지 5개월 만에 사직을 강요받고 황급히 스페인으로 돌아가야 했던 일이다. 당시 '조직 내부 사람들'로부터 살해 협박을 받았을 뿐만 아니라, '외부 사람들'까지 나를 노리고 있었기 때문이다. 모든 게 내가 일을 너무 열심히 한 탓이었다. 고통스러운 일이지만, 어쨌든 지나고 보니 모두 다 좋은 경험이다. 우리는 보통 이를 '시행착오'라고 부른다.

우리는 그렇게 동물들이 포함된 대가족과 함께 스페인으로 돌아갔다. 많이 아파서 앞을 못 보지만, 듬직하고 우리에게 많은 기쁨을 주며 잘 짖는 개 한 마리를 더 입양했기 때문이다. 친구들은 두 팔 벌려 환영하며 다시 따뜻하게 맞아주었다. 알리칸테의 유명한 조경 예술가이자 좋은 친구인 라몬 마르틴은 자신의 원예 프로젝트를 도울 기회를 주었고, 나는 식물에 대해 잊고 있던 열정을 다시 불태우기 시작했다. 지난날 어머니로부터 분재를 만들고 장미 돌보는 법을 배웠던 어린 소년이 떠올랐다. 그리고 집의 정원을 돌보던 십 대 소년, 전문 서적을 사기 위해 조금이라도 돈을 벌어보고자 모양이 제대로 잡히지 않은 분재를 손보던 한 대학생이 떠올랐다.

이제 그 생물학자는 나무에 오를 때 목숨의 위협을 느끼긴 하지만, 자연과 끊임없이 만나는 행복한 정원사가 되었다. 또 야외에서 일하며 우연히 만나는 새들이나 절지동물들과 즐거운 시간을 보내고, 살충제가 아닌 다른 대안이 있다는 것을 알리며, 송충이가 지하 세계에서 보내는 생물이 아니라 자연에서 중요한 역할을 맡은 가족적인 친절한 애벌레라는 생각을 사람들에게 심어주려고 노력한다.

이 일이 지식을 보급하는 일과 연결될 수 있어서 너무 맘에 든다. 나는 계속해서 멕시코 잡지에 글을 기고하고, "영원히 즐기기 위한 보호와 존중"이라는 표어 아래 블로그에 글을 쓰며 자연을 바라보는 사람들의 시선을 조금이나마 바꾸기 위해 노력한다.

지금까지 매력에 빠질 수밖에 없는 수많은 독특한 동물들과 나무들 사이에서 어떻게 살게 되었는지를 떠올리면서, 나에 관한 이야기를 조금 꺼내놓았다. 이제 어린 시절부터 지금까지 운 좋게 경험한 존재들의 신기한 점과 습성, 재미있는 일화들과 소문으로 가득한 여행이 시작될 것이다.

01

나무

식물 지능적이라는 말에 대하여

혹시 너그러운 나무를 만난 적이 있는가? 잘은 모르지만 아마 여러 번 만났을 것이다. 더위에 지쳤을 때 아낌없이 내주는 나무 그림자 쉼터를 찾았던 것처럼 말이다. '보호'를 떠올리게 하는 나무의 그림자는 식물의 수많은 미덕 중 하나일 뿐이다. 분명 우리는 그 모든 미덕을 실생활에서 경험하고 있다.

식물의 이런 훌륭한 미덕 덕분에, 관습이 서로 다른 전 세계 모든 문화가 역사 전반에 걸쳐 나무의 사랑과 불멸, 거룩한 정의, 또 나무와 나머지 천지 만물이 맺은 영적 관계 같은 여러 속성을 강조하며 나무가 신성한 영적 가치를 지녔다는 의견에 동의한다고 생각한다.

나는 인류 역사에서 대표적으로 추앙받거나 불멸의 명성을 얻은 나무 종들을 별도로 조사해본 뒤 약 55종이 있다는 것을 알게 되었다. 좀 더 공정성을 기하기 위해서는 세이바ceiba〔마야인들이 생명나무로 신성시했음〕나 떡갈나무〔켈트족의 드루이드교 사제들이 숭배했음〕 또는 월계수〔고대 그리스인들이나 로마인들에게 영광과 승리의 상징으로 여겨짐〕는 빼는 게 좋을 것 같다. 우리가 그런 힘을 믿든 그들이 덜 영적인 존재이든 그건 중요하지 않다. 어쨌든 나무가 무성한 가지와 잎의 아름다움 그 이상을 보여준다는 건 부인할 수 없는 사실이다. 비록 무슨 나무인지 모를지라도 그 아래 앉아만 있으면 행복과 휴식을 취할 수 있고, 나무와 보이지 않게 연결된 그 무언가로 인해 곧바로 평화로움을 느끼게 된다.

평화의 순간부터 기쁨으로 하루를 마무리하는 데 필요한 영감과 에너지에 이르기까지 나무가 우리에게 얼마나 많은 것을 주는지 생각해보길 바란다. 꼭 생각해보고, 나무를 안아보고 생기를 채워보시길!

우리는 식물과 얼마나 닮았을까? 일상생활로 눈을 돌려보자. 도시는 강가에 있는 돌멩이처럼 다양한 사람들로 가득하다. 한번은 매일 만나는 친구들 모임에서 분위기를 바꿔볼 겸 각자 어떤 식물들과 닮았는지 물어보기로 했다. 예를 들어 나무들처럼 매일 재료를 구하지 않고도 영양을 공급받을 수 있는, 완전히 자급자족하는 삶을 바라지 않는 사람이 있을까? 단순히 일광욕을 하고 물을 마시면 간식을 보장받는 삶 말이다! 내가 들었던 대답은 재미있고 독창적일 뿐만 아니라 놀랍기까지 해서, 우리가 식물처럼 행동한다고 더 확실히 믿게 되었다. 자, 사랑하는 독자 여러분도 잠깐 책을 멈추고 한번 생각해보길 바란다. 여러분은 어떤 식물을 닮았는가?

떡갈나무처럼 단단한가, 아니면 갈대처럼 유연한가? 어쩌면 꽃처럼 섬세할 수도? 아니면 고추처럼 살짝 매운가? 아니면 혹시 쥐오줌풀[약으로 쓰며 진정 효과가 있음]처럼 느긋한가? 또 여러분은 아니겠지만, 선인장처럼 항상 방어적인 사람이나 쐐기풀처럼 짜증스러운 사람, 더 최악은 다른 나무에 붙어사는 식물처럼 기생하며 사는 사람도 만날 수 있을 것이다. 자기 생존을 위해 다른 사람들을 이용하고, 심지어는 우리 지갑부터 삶의 에너지까지 가능한 한 모든 것을 훔치기 위해 멀리서도 우리 냄새를 맡는 사람들도 있다. 그리고 우리 이웃 중에는 정원의 잡초처럼, 부르지 않은 곳에 항상 나타나 험담하는 사람들도 빠뜨릴 수 없다. 여러 겹 속에 본 모습을 숨긴 채 금방이라도 당신을 울게 만들 수 있는 '양파' 같은 사람은 어떤가?

끝으로, 아무도 만나고 싶어 하지 않는 유형이 하나 더 남았다. 바로 교살자 나무straggler tree 같은 사람이다. 이는 우리 주변에서 작고 순진한 식물로 자라는데, 우리가 반응하는 순간 붙잡고 지치게 하며, 생명의 위협을 느낄 때까지 산소를 빼앗아간다. 다행히도 우리에겐 도움을 줄 심리학자들과 의사들뿐만 아니라, 훌륭한 친구들과 가족이 있다. 이들은 수석 정원사들처럼 문제를 뿌리째 뽑아 버릴 수 있는 존재들이다. 그들은 우리가 새로워지고 건강에 좋은 새싹이 날 때까지 가지치기해 주고 소독해주며, 건강하게 만들어 다시 햇빛을 받을 수 있도록 해준다.

그러나 우선 긍정적으로 생각하는 게 좋을 것 같다. 우리가 정말로 되고 싶어 하는 식물의 특징을 생각해보자. 선조들이 중요하게 여기는 인내와 검소함, 관용 등이다. 이는 인류에게 아주 필요한 특징인데, 식물의 세계에서는 어디에나 존재한다. 예를 들어 식물은 거주지를 바꿀 수 없지만, 태어난 곳을 겸손히 받아들이고 적응한다. 그들은 원하는 만큼 높이 올라가서 태양에 접근하고 하늘과 별을 쫓으려 노력하지만, 이를 달성하기 위해서는 평생이 걸린다는 것을 잘 알고 있다. 그래서 떡갈나무는 담쟁이에게 "기억하렴. 중요한 것은 빠르게 성장하는 게 아니라 단단하게 성장하는 것이라는 걸"이라고 말한다.

어린 시절부터 나는 운이 좋았다. 부모님이 형제들과 나에게 커다란 열정과 인내심으로 자연을 사랑하고, 별이 빛나는 하늘의 자유에 감탄하며, 숨 쉴 때마다 우리를 껴안아주는 삶 자체를 즐기도록 가르쳐주셨기 때문이다. 비록 그때는 나무와 주변 식물의 관계가 얼마나 복잡한지 상상도 할 수 없었지만 말이다.

나는 가족 캠핑을 많이 한 덕분에, 내가 태어난 사랑하는 나라 멕시코를 여행하며 생명력과 아름다움이 넘치는 곳을 탐험할 수 있었다. 한번은 사슴을 찾아 오랫동안 걷다가 숲 한가운데에 있는, 원주민들이 오야멜Oyamel[성스러운 전나무]이라고 부르던 곧게 자란 거대한 전나무 그늘에 눕게 되었다. 그곳에서는 오랫동안 자연을 즐기는 것 외에는 아무것도 하지 않는 멋진 습관에 우리 몸을 내맡겼다. 먼 곳에서 곤충의 유충을 찾기 위해 마른 나뭇가지를 세게 쪼는 딱따구리의 또각거리는 소리를 들을 때는 나뭇가지들을 가로지르며 태양 빛이 만들어낸 그림을 바라보았다.

어린 시절 그곳에서 상상의 나래를 펼치며 누워 있을 때는 나무와 동물의 복잡한 관계를 전혀 알지 못했다. 그리고 학교에서 배운 것과 달리, 숲에 사는 나무들은 빛과 영양분을 놓고 서로 경쟁하지 않는다는 것도 몰랐다. 그들은 싸움하는 수준을 넘어 서로를 알아채고 의사소통하며 협력함으로써 자신과 자기 종을 인식하며 주변의 자극에 반응하는 존재들이다. 그들을 똑똑한 존재라고 생각하는 건 내가 식물을 사랑해서가 아니다. 이전에도 수많은 사람이 했던 말이다. 하지만 지금까지도 그걸 진지하게 생각하는 사람들은 거의 없다.

오스트리아-헝가리제국의 저명한 식물학자 라울 하인리히 프란체Raoul Heinrich Francé는 20세기 초 "사람은 식물을 관찰하는 데 시간을 들이지 않기 때문에, 식물들이 움직임과 감각 능력이 부족하다고 생각한다"며, "식물은 동물이나 더 숙련된 인간들과 마찬가지로 자유롭고 능숙하며 우아하게 몸을 움직인다"라고 강조했다. 당연히 맨눈으로 식물의 움직임을 관찰하기는 어렵다. 관찰하는 데 걸리는 시간이 너무 길어 인간의 측정 범위에서 완전히 벗어나기 때문이다. 하지만 그들은 분명 움직인다!

식물의 지능을 생각할 때도 똑같은 일이 벌어진다. 식물은 우리처럼 환경을 인식하고 반응할 수 있지만, 동물계에서는 식물이 신경과 뇌가 없다는 이유만으로 식물에게 지능이 있다는 사실을 거부한다. 그러나 그들은 분명 똑똑하다!

나는 어렸을 때 또래 아이들이 지루해하는 자연 다큐멘터리를

정글 한가운데 있는

장엄한 무화과나무.

보는 이상한 취미가 있었다. 어느 날 텔레비전에서 본 다큐멘터리는 너무 인상적이어서 아직도 하나하나 다 기억이 난다. 물론 내 기억력이 좋다고 말하려는 건 아니다. 기억이 생생하다고 강조한 건, 나는 몇 시간 전에 일어난 일도 잘 잊어버리는 능력이 탁월하기 때문이다. 그 다큐멘터리는 〈식물의 신비로운 삶The Secret Life of Plants〉(1978)으로 1980년대 후반에 보았지만, 그보다 5년 전에 출판된 같은 제목의 책을 바탕으로 한 내용이었다. 이 책과 그 후에 나온 다큐멘터리는 전 세계적으로 반향과 논쟁을 일으켰고, 정통성에서 벗어난 방법과 도구를 사용해 만든 것으로 유명해졌다. 잎에 거짓말탐지기를 연결했더니 시각적 또는 청각적 자극, 때로는 나쁜 생각이나 좋은 생각에 반응했다는 내용이었다. 이 책은 식물이 고통과 기쁨을 아주 잘 느낄 수 있고, 행성 경계 너머로 의사소통을 할 수 있으며, 우리의 마음을 읽을 수 있다고 주장했다. 물론 아주 이상하거나 과장되게 보일 수 있는 주장들이지만, 이것이 어린 시절 내 마음을 얼마나 빼앗았는지는 상상도 못 할 것이다.

신비롭고 영적인 접촉을 하는 식물들에 관한 이 책은 과학계에서 크게 비난을 받아 유사 과학으로 낙인이 찍혔다. 하지만 많은 주장이 신뢰를 얻지 못했음에도 그 책은 점점 당시 히피 운동을 촉진했고, 식물들을 행복하게 해주기 위해 음악을 들려주는 일이 대유행이 되었다.

이 책의 좋은 점은 그때까지 식물을 이해하려는 노력이 거의 없었다는 것에 관한 중요한 역사적 정보를 담았다는 점이다. 나에게 이 주장이 흥미롭게 다가왔듯이, 나무와 식물의 민감성과 지능을 진지하게 연구했던 저명한 사람들과 과학자들도 있었다.

삼십 년이 지난 후, 다큐멘터리 내용에 충격을 받았던 그 소년은 생물학자로 성장했고, 식물들도 우리 신경계와 같은 부분이 있는지 확인하는 과정에서 현대의 연구가 어떻게 진행되고 있는지 살펴보기 시작했다. 실제로 식물은 의사 결정을 하고 행동을 조절할 수 있다. 사람들은 이를 '식물신경생물학Plant Neurobiology'이라고 불렀지만, 개인적으로는 '식물 지능'이라는 용어를 더 좋아한다. 이제는 나무를 보고 '아주 식물 지능적인' 종이라고 말할 때 미친 사람 취급당하는 게 전혀 겁나지 않는다.

눈치챘는지 모르겠지만, 나는 식물과 동물 모두에게 같은 중요성을 부여하려고 애쓴다. 조금 전 나는 식물이 자신을 인식하고, 의사소통하며, 협력하고, 자신과 같은 종뿐 아니라 주변 환경을 알고 있으며, 완벽하게 대응하고 적응할 수 있다는 혼란스러운 이야기를 시작했다. 그들은 영양분이나 대피소를 찾기 위해 이동할 수 없으므로 영양분을 찾거나 위협을 식별할 수 있는 매우 복잡하고 민감한 체계를 개발해야 했다는 점을 생각하면, 모든 게 다 이해가 갈 것이다.

그들은 무선 메시지처럼 작동하는 화학물질을 공중으로 방출하며 서로 소통할 뿐만 아니라, 영화 〈아바타Avatar〉(2009) 속 판도라의 나무들처럼 뿌리를 통해 소통하기도 한다. 이런 소통은 '우드 와이드 웹wood-wide web'〔나무를 비롯한 식물의 뿌리가 뿌리곰팡이 및 박테리아와 복잡하게 얽혀 상호 작용하면서 숲 전체가 서로 연결된 것을 인터넷망인 '월드와이드웹(www)'에 빗대 등장한 개념]이라는 개념을 바탕으로 하는데, 1990년대 후반에 설명된 식물들의 인터넷이다.

숲을 인터넷망으로 시각화하면 이해하기가 매우 쉽다. 이 비유로 보면 숲에는 가족 구성원이라고 할 수 있는 수천 종의 다양한 나무 가족이 가득 찬 셈이다. 이 복잡한 의사소통망을 통해 오래된 나무들은 가장 어린 나무들을 돌볼 뿐만 아니라, 영양분을 나누고 친구를 사귀며, 생길 수 있는 해충과 위험에 대해 최신 정보를 업데이트해 다른 나무들이 성장할 수 있도록 도와준다. 이 모든 게 믿기 어려울 수도 있다. 어찌 다 믿을 수 있겠는가?

혹시 갑자기 공중에 나타나는 신비한 독소의 영향으로 사람들이 미쳐서 자살하기 시작하는 영화 〈해프닝The Happening〉(2008)을 보았는지 모르겠다. 영화가 진행되면서 지구 환경에 위협이 되는 인간에게 대항해 독소를 생산한 주체가 식물임이 밝혀진다. 이는 인간의 엄청난 상상력에서 나온 허구적인 이야기이고, 아직 사람들에게는 일어나지 않았지만, 지구상의 동물들에게 계속 일어나는 일이다. 식물은 자신을 방어할 수 있다. 그것도 아주 완벽하게!

개인적으로 별로 좋아하지 않는 유명한 코미디 영화 〈토마토 공격대Attack Of The Killer Tomatoes〉(1978)처럼 식물들이 가지로 우리를 때리거나 인간을 반역할 거라고 생각하지는 않는다. 오히려 그들이 하는 일은 더 미묘하고 꽤 효율적이다. 어떤 식물은 유충이 잎을 먹는 것을 방지하기 위해 잎에서 독성 화학물질을 생산한다.

수많은 나무와 식물의 유액과 송진이 가장 간단한 예 중 하나이다. 그런데 금관화Asclepias curassavica 잎은 제왕나비Danaus plexippus 유충의 양식인데, 유충이 이 잎을 먹으면 죽지 않고 몸에 독성만 쌓인다. 그리고 그 몸속 독성 덕분에 새들에게 먹히지 않는다. 한 단계 더 높은 식물들도 있다. 옥수수Zea mays와 같은 식물은 곤충이 자신을 먹는 걸 감지하면 말벌이나 새와 같은 자연 포식자를 끌어들이는 페로몬을 공중으로 방출한다. 그들은 이렇듯 완벽하게 자신을 방어할 수 있다!

아마도 자기방어 식물 중 가장 충격적인 사례는 야생 반추동물이 잎을 뜯지 못하게 막는 남아프리카의 아카시아일 것이다. 이와 관련된 가장 극단적인 사건은 큰쿠두Tragelaphus strepsiceros[동아프리카와 남아프리카에 사는 영양의 일종] 약 3000마리를 죽인 일이다. 이들은 아카시아의 고농도 타닌산에 중독되어 죽었다. 보통 아카시아의 타닌산은 곤충의 공격에 대항할 정도의 양이지만, 큰 동물로부터 자신을 방어하기 위해 그 양을 많이 늘렸고, 그 잎을 과식한 동물들은 죽음을 맞게 되었다. 수많은 큰쿠두의 죽음을 초래한 이런 비극뿐만 아니라, 안전한 상태에 있는 아카시아 또한 타닌산 함량을 늘린다는 사실이 나중에 밝혀졌다. 아무튼 아카시아는 공격을 받으면 동료들에게 분명히 경고한다.

식물들은 인간을 뻔뻔스럽게 조종하는 일부 동물들(내가 사랑하고 복종할 수밖에 없는 우리 고양이들처럼)과 달리 목표를 달성하는 과정이 훨씬 더 신중하다. 그들은 자기 종을 영속시키거나 보호하려는 목적으로 다른 동물을 회유 또는 납치할 수 있다. 가장 간단한 예는 바로 꽃이다. 이들은 수정을 위해 꽃가루 매개자들을 끌어들이며, 열매는 씨앗들을 퍼뜨리기 위한 미끼이다. 놀라운 많은 예가 생각나지만, 가장 흥미로운 것 중 하나를 뒤에서 따로 이야기할 것이다〔17장 참조〕. 정확히 말하자면, 아카시아 종에 관한 이야기이다. 특히 잎이나 가지를 만지려는 사람들뿐 아니라, 그 아래에서 자라는 식물들에 맞서 공격적 방어를 해주는 개미 군대에게 서비스를 제공하는 열대 나무에 대해서 말이다. 그런데 이런 설명을 들어도 우리는 여전히 식물이 똑똑하지 않다고 생각하는 걸까?

02

문어

진정한 천재는 증명하지 않는 법

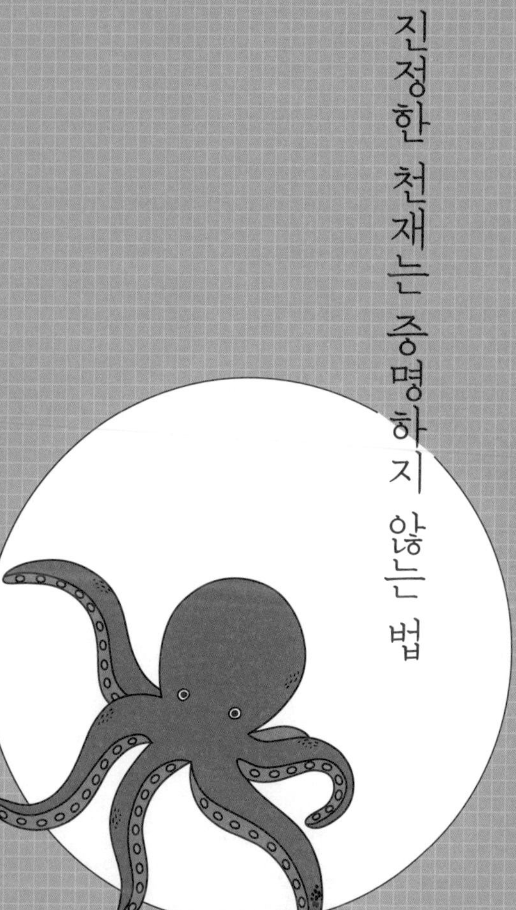

식물의 불가사의한 신경 체계와 지능에 대해 말하다 보니, 뛰어난 지능을 가진 동물계의 존재인 문어가 갑자기 떠오른다. 이 글은 내가 자연 서식지에서 교류할 기회가 있었던 문어에 관한 이야기이다. 우리는 우연히 수심 15미터 아래 산호들 사이에서 얼굴을 마주하게 되었다. 그날 이후 내 인생이 바뀌었는데, 다시는 문어를 그저 음식으로만 볼 수 없게 되었다. 이해할 수 없을 정도로 이렇게 똑똑한 존재를 먹는다는 것은 상상조차 할 수가 없다.

우리의 만남은 오래전 태평양의 아름다운 섬들에서 산호초 물고기 개체 수를 조사하는 중에 이루어졌다. 그날 아침, 나는 빈 조개껍데기나 따개비 또는 몸을 숨길 만큼 크고 깊은 관 모양의 구멍에 숨어 사는 작고 귀여운 물고기인 비늘베도라치Chaenopsidae를 찾고 있었다. 아메리카의 열대 및 아열대 해역에만 있는 매우 작은 그들은, 몸의 장식과 눈에 띄는 색상 때문에 잠수부들에게 매우 매력적인 물고기이다. 그러나 보통은 머리와 큰 입만 내밀기 때문에 찾기가 꽤 어렵다. 마침내 나는 아직 보고되지 않은 종을 찾았고, 아주 흥분한 채로 자세히 관찰하기 위해 손목에 묶어둔 연필과 석판을 풀어 메모하기 시작했다. 그런데 일 분도 지나지 않아 갑자기 '무언가'가 마치 자기를 봐달라는 듯 연필을 끊임없이 잡아당기는 게 느껴졌다.

구멍 속에는 수줍게 숨어 있는 어린 문어Octopus hubbsorum[동부 열대 태평양의 고유종으로 캘리포니아만 중앙부에서 오악사카의 남부 해안과 바하칼리포르니아 반도의 서해안까지 널리 분포]가 있었다. 녀석은 직사각형 모양의 아름다운 눈동자를 살짝 드러내고, 팔(다리) 중 하나로 내 연필을 꽉 붙잡고 있었다. 끊임없는 물의 흐름에도 불구하고, 한 손으로 나를 잡고 다른 손으로 연필을 가지고 놀았다. 내가 너무 궁금했는지 은신처에서 빠져나오기로 마음먹은 모양이었다. 내 연필을 살펴보더니 다음은 철판, 그리고 내 맨손까지 살폈다. 녀석은 내 손 위를 느리게 지나며 빨판으로 부드럽게 조금씩 '더듬었다'. 실제로 그 빨판들은 우리로 치면 혀에 해당한다. 그렇다. 문어에게는 1600개의 혀가 있다! 그 혀들이 금세 내 한쪽 손을 다 빨았다!

나는 녀석이 묶인 연필을 풀고 다루는 능력과 그것을 당기는 힘에 너무 놀랐다. 계속 나를 쳐다보면서도 연필을 뺏기 위해 집중하는 게 너무 인상적이었다. 이후에 나는 문어가 머리에 있는 주요 뇌 말고 각 팔의 기저부에도 뇌가 있다는 걸 알게 되었다. 우리는 이를 '촉수'라고 잘못 부르고 있다. 그걸 알고 나니 그들이 왜 이렇게 영리한지 이해가 되었다. 우리가 이해하긴 힘들지만, 그들은 팔에도 뇌가 있어서 각 팔이 대뇌와 상관없이 스스로 결정을 내리고 독립적인 행동을 할 수 있다.

나는 몇 분간 녀석과 함께 즐겁게 놀았다. 정말 재미있었다. 그리고 시간이 지나면서 녀석을 더 믿게 되었다는 걸 인정할 수밖에 없었다. 신기해하며 연필을 쥔, 가면을 쓴 신비한 방문객인 문어가 나를 신뢰하는 데도 시간이 좀 걸렸다. 나는 원래 하던 일을 계속해야 했기 때문에 엄청난 의무감과 큰 고민을 안은 채 신기한 두족류〔척추가 없고 몸이 연하며 체절이 없는 연체동물 가운데 다리(팔)가 머리에 달린 동물 종류〕 보는 걸 잠시 뒤로 미루고 물고기 개체 수 조사를 이어가기로 했다. 연필을 도로 찾는 게 쉽지는 않았지만, 집중력이 더 생겼다. 마치 자신과 주변 환경을 알고 있는 듯 탐색하던 녀석의 시선을 잊을 수가 없다.

이후 문어가 우리가 생각하는 것보다 훨씬 더 똑똑하다는 걸 알게 되었고, 그들을 조사하는 연구 과제를 맡았다. 그들의 뇌는 아홉 개이고 심장은 세 개이며, 푸른 피가 흐른다. 연구하다 보니, 문어가 침팬지나 돌고래의 유명한 기술들보다 더 복잡한 행동을 하고 의사 결정을 내릴 수 있다는 사실에 나처럼 매료된 사람들이 많다는 걸 알게 되었다.

혹자는 그들이 다른 세계에서 온 존재라고도 한다. 그런데 달팽이와 조개의 친척인 이 무척추동물이 어떻게 그런 지능을 가질 수 있는 걸까? 답을 찾는 건 쉽지 않았다. 과학자들은 자기 비밀을

바위 사이로 숨는

영리한 문어.

밝히는 데 협조하지 않는 이 고집스러운 동물 때문에 난관에 부딪혔다. 이들은 시험과 실험을 방해하고, 아무도 보지 못한 사이에 감금 상태에서 탈출하는 등 연구자들의 인내심을 한계에 이르게 한다.

물론 그들은 평범한 동물이 아니기 때문에 평범한 방법으로는 연구할 수 없고, 다른 동물을 연구하는 데 사용하는 것과 같은 내용을 바탕으로 해석할 수도 없다는 게 문제이긴 하다. 문어의 지능이나 생각의 처리는 우리 생각과 완전히 다른 방식으로 이루어지기 때문이다. 그 처리 과정이 너무 다르고 놀라워서 문어를 외계 동물이나 다른 세계의 동물로 부르며, 그 외모는 할리우드에서 가장 유명한 괴물을 만드는 제작자들에게 영감을 불어넣고 있다. 분명 문어와 그들의 행동은 항상 논란의 중심에 있었는데, 이는 생물학의 아버지 아리스토텔레스로부터 시작된 것 같다. 그는 문어를 '멍청한 생물체'라고 평가했다. 나는 그의 성급한 결론에 약간 놀랐다. 물론 2300년 전의 일임을 고려하면 그렇게 놀랄 건 아니지만. 그 당시에는 생명체의 지능에 대한 지식이 매우 제한되어 있었기 때문이다.

반대로 2018년에 전 세계의 저명한 과학자들 30여 명이 〈캄브리아기 폭발의 원인: 지구 또는 우주?〉[캄브리아기는 고생대의 가장 오래된 기간으로 선캄브리아시대와 오르도비스기 사이의 5억 4100만 년 전부터 4억 8540만 년 전까지의 지질시대]라는 논란이 된 글을 발표했다. 거기에서 그들은 엄청나게 복잡하고 철저한 분석 후에 문어의 지능이 외계

바이러스의 영향을 받았을 수도 있다고 했다. 그럴 수도 있고, 아니면 그저 문어가 꽤 운이 좋았을 수도 있다.

우리가 유일하게 아는 확실한 사실은 문어의 진화 역사가 5억 년이 넘었고, 모든 무척추동물(및 일부 어류와 양서류) 중에서 뇌가 가장 크며, 신경계의 3분의 2가 그들의 팔에 있다는 점이다.

오늘날에는 문어가 왼손잡이와 오른손잡이가 있고, 두 눈 중 하나를 사용해 주의를 집중하는 것을 좋아한다는 결론이 나왔다. 우리는 그들이 소수의 척추동물처럼 도구를 사용할 수 있다는 것을 안다. 또한 문어는 우리와 마찬가지로 기억하고 배우는 놀라운 능력을 갖추고 있으며, 이전 경험을 바탕으로 새로운 문제를 해결할 수 있다.

혹시 내가 만난 그 문어가 나를 인지할 수 있었을까? 지금은 그들이 우리를 개인으로 식별할 수 있고, 인간과 함께 꾸준히 사는 문어는 그렇지 않은 문어와 다르게 행동하며, 평소 그들을 돌봐주는 사람과 처음 접근하는 낯선 사람을 구별한다는 걸 알게 되었다.

그들에 관해서는 배워야 할 게 너무 많다! 척추동물 세계에서 우리가 가장 똑똑한 존재라면, 무척추동물 세계에서는 문어가 분명 그 자리를 차지할 것이다. 문어만큼 우리와 아주 다르면서도 비슷한 동물은 없을 것이다. 따라서 이 놀라운 동물을 음식 재료로만 보는 건 상당히 유감이다.

한편 어미 문어는 새끼가 부화할 때까지 모든 에너지를 다 쏟아 알들을 돌보는 것으로 유명하다. 말 그대로 지쳐 죽을 때까지

곡기를 끊어가며 목숨을 바쳐 새끼들을 보호한다. 문어와 마찬가지로 우리도(적어도 대부분의 인간은) 자식을 위해 그만한 희생을 기꺼이 감수한다. 큰 차이가 있다면, 우리는 이제까지 익힌 지식과 기술을 다음 세대에 전달함으로써 지식과 습관이 대대로 이어지지만, 문어는 새끼들에게 지식을 전달할 수가 없다. 문어는 새끼들이 알에서 부화하면 바로 죽기 때문이다. 그래서 새로운 문어 세대는 다시 '제로(0)'에서 모든 걸 시작해야 하고, 스스로 삶의 어려움과 이점을 배워나가야 한다. 어미 문어는 새끼의 탄생에 모든 노력을 기울이는데, 분명 그건 자신들이 보여준 것처럼 새끼들도 그렇게 동물계에서 진정한 천재들이 될 거라고 믿어 의심치 않기 때문이다!

아내에게 잊지 못할 문어와의 만남에 관해 이야기해주자, 왜 끝내 녀석에게 연필을 주지 않았냐며 안타까워했다. 그녀는 녀석이 그 새로운 장난감을 즐기고 활용하는 방법을 알고 있을 거라고 확신했다. 정말 내가 연필을 줬더라면, 아마 그림 그리는 법을 배우고 새로운 예술 작품을 만들 수도 있었을 것이다. 아니면 그 놀라운 천재성으로 우리와 소통하고 윤리나 생태학에서 훌륭한 교훈을 남길 만한 글쓰기 시스템을 만들었을지도 모르겠다.

03

범고래

난 킬러였던 적이 없어

이제 숨을 조금 더 오래 참을 준비를 하길 바란다. 곧, 깊고 환상적인 바다라는 신비롭고 놀라운 세계에 잠기게 될 것이다. 드넓은 바닷속에 숨겨져 있는 범고래가 갑자기 나타날 건데, 그들은 바다의 최고 포식자일 뿐만 아니라 가족의 연합과 진정한 팀워크, 그리고 생존 투쟁이 무엇인지를 보여주기 위해 자신의 재능을 아낌없이 발휘할 것이다.

사랑하는 독자들이여, 고백하건대 범고래 이야기만큼 나의 마음을 움직이는 동물 이야기도 많지 않다. 만일 인간과 범고래의 관계에 대한 책을 썼다면, 대부분의 장은 스릴러 장르로 채워졌을 것이다. 비록 오늘날은 '해양 생태계의 대사大使'로 인정받으며 아이들의 사랑을 받고 있지만, 그들이 광활한 바다에서 매일 '바깥세상'과 직면하는 현실은 정말로 녹록치 않다.

그들을 둘러싼 복잡한 의견들을 최소화하기 위해서는 그들이 모두 같은 종이지만 전 세계에 약 12개의 다양한 개체군이 있고, 각각 고유한 물리적 특성·관습·언어가 있음을 분명히 구분해야 한다. 그리고 '생태형ecotype'〔환경 조건으로 달라진 형질이 유전적으로 이어져 생긴 형〕으로 알려진 개체군 중 일부는 멸종 위기에 처해 있다. 뉴질랜드에는 100마리가 채 안 되고, 미국 태평양 연안과 캐나다 남부에는 70마리 정도가 살고 있다. 2018년 여름 탈레쿠아Tahlequah라는 베테랑 어미 범고래가 새끼를 낳을 때, 다른 한 범고래 가족은 마치 그녀의 운명을 예감한 듯 그녀에게 다가갔고, 30분 후 그녀의 새끼가 죽자 함께 애도해주었다. 과학자들에 의해 'J35'라고도 불리는 탈레쿠아는 혼자서 17일 동안 죽은 새끼를 물 위로 끌어올려 1800킬로미터 이상 밀고 다니는 의식을 했는데, 그런 행동으로 미디어에서 유명해졌다. 화면 속 그녀는 계속 머리 위로 새끼를 떠받치고 다니며 죽음을 받아들이기를 거부하는 드라마 같은 모습을 보여주었다. 과학계는 이 사건을 자세히 조사한 뒤, 범고래도 인간을 비롯한 많은 동물처럼 사랑하는 존재들을 애도한다는 사실을 알아냈다.

자신과 가족을 아주 중요하게 여기는 모습을 보여줘도, 여전히 많은 사람은 그들을 '야생의 잔인한' 동물로 여긴다. 그들과 인간의 관계가 복잡해진 것은 기본적으로 식사 방법 때문이다. 지브롤터해협에 있는 스페인 범고래나 노르웨이 연안에 사는 범고래들처럼 오로지 해안과 제한구역의 물고기만 먹는 범고래들이 있다. 그들은 보통 대양 범고래라고 불리며, 모든 크기의 해양 포유류와 물고기를 잡아먹는다. 하지만 그들은 연구하기가 쉽지 않아서 알려진 사실이 많지 않다. 또 유목하는 범고래도 있다. 이들은 자기 영토 없이 여기저기 다니는 대단한 여행자들이고, 작은 물개에서 거대한 푸른 고래에 이르기까지 해양 포유류를 먹는다.

범고래가 해양 포유류를 먹기 위해 짊어지는 위험 부담은 매우 크지만, 이를 통해 많은 에너지를 보충한다. 이해를 더 돕기 위해 새끼 혹등고래를 먹는 유목 범고래의 예를 들어보자. 나는 혹등고래와 함께할 기회가 여러 번 있었다. 몸길이 3미터 이상에 무게가 약 1톤인 갓 태어난 고래 새끼를 상상해보자. 이렇게 몸집이 커도 매우 서툴고 약하기 때문에 어미의 지속적인 도움이 필요하다. 따라서 어떤 이유로든 어미와 떨어지게 되면 완전히 무력한 상태가 된다. 어미는 새끼가 태어나면 매일 약 70리터의 고지방 젖을 먹이기 때문에 성장이 아주 빠르다(매일 약 3센티미터에 50킬로그램씩 자란다). 이건 엄청난 열량이다!

이런 이유로 혹등고래 새끼는 만만한 먹잇감이 되는데, 범고래가 그들을 잡아먹으려 할 때 겪는 가장 큰 문제는 약 15미터나 되는 어미로부터 새끼를 떼어내는 일이다. 내가 볼 때 범고래가 혹등고래 새끼를 어미로부터 분리하기 위해서는 네 가지 기본 요소, 즉 인내와 전략, 은밀함, 그리고 엄청난 행운이 필요하다.

여기에서 설명해야 할 게 있는데, 범고래는 사회집단을 이루며 가장 나이가 많고 경험이 많은 암컷의 지도를 받으며 산다. 하지만 사냥을 할 때는 소규모 종족 집단들로 나뉜다. 내가 3년 동안 관찰한 집단들은 결코 여덟 마리를 넘지 않았고, 식량을 찾기 위해 만灣에 들어갈 때는 다시 두세 마리로 더 작게 나뉘었다.

유목 범고래들과의 만남은 매우 짧았지만, 매우 강한 그들은 처음부터 깊은 인상을 남겼다. 나는 그들의 등지느러미가 수면을 우아하게 가르며 드러나는 걸 봤다. 그때 기억을 더듬어보자면, 그들을 보자마자 수생적 한계를 초월하는 초자연적 에너지와 같은 강한 힘이 내게 전해졌다. 나는 배를 타고 있었지만 분명히 알 수 있었다. 그들이 바다의 최강자라는 것을!

그들을 처음 본 건 2003년 겨울 멕시코 반데라스만Bahía de Banderas에서였다. 나는 혹등고래와 새끼들을 관찰하는 배에서 관광 가이드 일을 하고 있었다. 2004년까지 겨울마다 이 활동을 할 수 있었던 건 큰 행운이었다. 물론 피곤한 일이었지만, 매일 바다에서 많은 시간을 보내며 희귀 동물을 관찰할 수 있는 절호의 기회였고, 범고래와의 특별한 만남을 경험하면 그 피로도 금방 풀렸다. 나는 아직도 그날의 기억이 생생하다. 그 당시 블로그에 적었던 글을 소개하는 것보다 이 경험을 잘 나눌 방법은 없을 것 같다.

푸에르토바야르타, 2003년 3월 8일

오전 8시 45분 구름 낀 조용한 날씨, 평온한 바다. 우리는 항구를 떠나 북서 방향, 마리에타스제도 Islas Marietas를 향해 갔다. 오늘은 운이 좋아 더 많은 고래를 찾을 수 있기를 바라면서. 어제는 그들의 활동이 거의 없어서 관찰하기가 힘들었다. 선장은 오늘 아침 푼타 미타Punta Mita[푸에르토 바야르타에서 북쪽으로 약 16킬로미터 떨어진 멕시코 나야리트주의 반데라스만 북쪽 끝 지역] 어부들이 어제 오후에 '엘모로El Morro'[푸에르토리코에 있는 엘모로 요새]로 알려진 지역에서 범고래를 봤다며 알려왔다.

오전 9시 30분 해안에서 약 10킬로미터 떨어진 곳에서 고래 등에 물이 뿜어져 나오는 장면을 잠깐 관찰한 뒤 자세히 알아보기 위해서 방향을 바꿨다. 목격한 지역에서 엔진을 멈추고 15분을 기다렸다. 고래는 나타나지 않았고, 우리는 이 외로운 고래가 정말 가수인지 확인하기 위해 수중 청음을 시작하기로 했다. 먼저 물에서 약 3미터 정도 아래로 장치를 넣었는데 아무 노래도 들리지 않았고, 꺼내기 전에 다시 12미터의 케이블을 풀어서 그 지역의 다른 가수들을 감지하기로 했다. 멀리서도 아무런 노래가 들리지 않았다. 승객들에게 고래가 노래하는 이유와 방법을 설명하면서 5분 동안 그대로 두기로 했다. 대화와 몇 가지 문답이 끝나자 고래를 보고 사진을 찍기 위해 돈을 냈던 승객들은 점점 걱정하기 시작했다. 우리는 더 시간을 낭비하지 않기로 하고 수중 청음기를 꺼내 들어 원래 목적지이자 오늘처럼 고래를 찾을 가능성이 더 큰 마리에타스제도로 향했다.

오전 10시 18분 이사벨은 좌현의 선교[배의 상갑판 중앙 앞쪽의 높은 곳]에 있고, 나는 선미에 있다. 우리는 수평선에서 물을 뿜는 장면을 계속 찾았다. 모두가 각자 있는 곳에 집중해야 했지만, 나는 이사벨이 있는 좌현을 쳐다보지 않을 수 없었고, 이사벨도 마찬가지로 내 쪽을 쳐다보았다. 그런데 갑자기 우리 앞쪽 약 200미터쯤에서 두 개의 큰 등지느러미가 잠깐 나타났다가 재빨리 사라졌다. "범고래?" 이사벨이 의심스러운 눈으로 나를 보며 말하는 동안, 경험 많은 해양학자인 선장에게 얼른 물었다. 선장은 배가 앞으로 나아가는 걸 중단시켰고, 승객들은 수평선에서 무언가를 보기 위해 자리에서 일어서려 했다. "제발, 기다리세요!" 이사벨은 그들에게 선장의 시야를 가리지 말라고 계속 말했다. 나는 더 잘 보기 위해 배의 전망대 쪽으로 올라갔고, 초단파VHF 라디오 안테나 옆에 서 있었는데, 두 번의 짧은 "뿌뿌우" 소리가 들렸다. 깜짝 놀랐다! 그들이 약 30미터 거리밖에 안 되는 코앞에 나타났을 때 덜컥 겁이 났다. 그들은 배의 양쪽에서 동요 없이 우리와 반대 방향으로 지나갔다. 이사벨은 기뻐 외쳤다. "범고래다, 범고래!" 등지느러미의 크기 때문에 이사벨과 나는 둘 다 수컷이라고 결론 내렸다. 그 감동은 곧장 퍼져나갔고, 승객들도 그 장면을 담아두기 위해 너도나도 카메라를 꺼냈다. 하지만 너무 갑작스럽게 벌어진 일이라 아무도 카메라를 제대로 들지는 못했다. 이사벨과 나는 너무 흥분해서 심장이 계속 뛰었다. 나는 그들을 처음으로 보았고, 그녀는 이미 2년 전에 보았지만 나만큼이나 흥분했다.

오전 10시 22분 우리는 그들을 많이 추월하지 않으면서 천천히 따라가기 시작했다. 그들이 숨을 다시 내뿜자, 뒤에서 천천히 그들 중 하나에게 접근해보기로 했다. 둘 다 같은 방향으로 가고 있었는데, 100미터 정도 떨어진 곳에 있었다. 나는 고래의 호흡 빈도를 측정하는 데 능숙했는데, 첫 호흡과 두 번째 호흡 사이의 시간 간격은 4분이었다. 우리는 방향과 빈도를 알고 있었으므로 다음 접근 방식이 더 쉬울 거라고 생각했다. 숨을 내쉴 때 그들 중 하나가 우리가 있던 우현에서 20미터가 채 안 되는 거리에 나타났는데, 우리가 거기에 없는 것처럼 아무렇지도 않게 계속 가던 길을 갔다.

신기하면서도 이상한 장면이었지만, 어쨌든 그들이 뭔가를 찾고 있다는 것을 직감적으로 알 수 있었다. 나는 이 주제의 전문가는 아니었지만, 범고래가 사냥 전략으로서 들키지 않도록 조용히 하면서 고래들(어미와 그 새끼)의 대화 소리를 주의 깊게 듣는다는 건 알고 있었다. 물론 사람들이 이 소리를 알아채기란 거의 힘들다. 또한 똑똑한 돌고래는 물이 흐리거나 어두운 것에 상관없이, 멀리 떨어진 곳에서도 먹이를 감지할 수 있도록 초고도로 특수화된 소리를 낸다. 나는 계속 기록을 해나갔다.

오전 10시 36분 범고래는 방향을 바꾸지 않고 계속 남동쪽을 향하고 있었다. 그러다가 멀리서 어떤 소리에 이끌려 가는 것처럼 둘 다 코스를 살짝 바꾸는 게 이상해 보였다. 나는 그들을 따라가면서 전망대 쪽으로 올라가 쌍안경을 통해 그들이 향하는 방향 쪽의 수평선을 살폈다. 8분쯤 후, 아주 멀리서 고래 한 마리가 물을 두 번 뿜고 사라지는 게 눈에 들어왔다. 물을 뿜는 기울기를 보니 고래들이 북쪽으로 향하는 게 분명했고, 이는 범고래들이 바꾼 방향과 일치했다. 나는 이사벨에게 이 사실을 알렸고, 우리가 범고래를 볼 수 있을지 슬슬 걱정되기 시작했다. 범고래들은 숨을 쉬기 위해 세 번 더 물 위로 나타났고, 물을 뿜는 광경은 맨눈으로도 보였다. 우리는 북동쪽으로 그들에게 곧장 다가갔다. 범고래들은 약 6분 전에 사라졌다. 기대감이 최고조로 올랐다.

오전 8시 45분 마침내 우리는 카메라를 잘 준비해 고래 지역에 도착했다. 선장은 그 지역에서 벌어지는 일들을 전해주었는데, 이미 거기에는 고래 관찰 보트가 여러 대 있었다. 그리고 12분이 지났는데 아무것도 보이지 않았다. 물 아래에서 무슨 일이 일어나는지 너무 보고 싶었다! 그러다가 갑자기 매우 세게 물을 내뿜는 소리가 들렸다. "뿌뿌우" 그리고 또 다른 소리도 들렸다! 약 80미터 거리에서 고래 두 마리가 아주 거센 숨을 쉬기 위해 물 위로 나왔다. 한 범고래는 우리 뒤에 있고, 다른 범고래는 측면에 있었다. 그들은 평소처럼 여러 번 호흡하지 않은 채 재빨리 물속으로 들어갔다. 4분이 채 되기도 전에 처음 범고래가 나왔고, 두 번째가 그 옆에 있었다. "무슨 일이죠?" 한 승객이 물었다. 이사벨과 나는 무슨 대답을 해야 할지 생각나지 않았다. 그리고 다시 두 고래가 마치 하나처럼 물을 뿜는 소리를 들었다. 그들은 함께 나갔지만, 이번에는 북쪽을 향했고 우리와 약 200미터 떨어져 있었다. 그제야 모든 게 이해가 갔다. 범고래들은 간단한 조사를 한 후에 하던 일을 중단했다. 몸 크기와 힘이 자신들의 두 배쯤 되는 어른 고래 두 마리와 맞설 수는 없었기 때문이다. 그들은 새끼를 찾아 계속 남쪽으로 가고 있었다. 우리 모두 몇 분간의 불안한 긴장감 이후에 안도의 숨을 내쉬었다. 우리는 여행을 계속했고, 이번엔 행운의 혹등고래를 쫓기 시작했다.

그러고 이틀 후에 아주 드라마 같은 전투가 벌어졌는데, 이 일의 목격자가 되고 싶다면 일단 마음을 가라앉히고 침착해야 한다. 그 장면을 보는 건 엄청난 과학적 기회였겠지만, 솔직히 나는 동료 아스트리드가 목격한 이 가슴 아픈 장면을 보지 못한 행운을 얻은 것에 지금도 감사한다. 그날 아침에 교대 근무를 바꾼 터라 내 순서는 다음번으로 미뤄졌었다. 그들이 항구로 돌아오자마자 우리는 승객들을 준비시켰고, 2시간 전에 벌어진 일을 살펴보기 위해 예정 시간보다 일찍 떠났다. 이틀 전에 목격한 일과 거의 같은

멕시코 반데라스만에서
먹이를 찾고 있는
암컷 범고래.

일이 벌어졌는데, 이번에는 범고래 세 마리가 항구 앞 8킬로미터 지점에서 새끼를 데리고 있는 어미 고래를 찾아냈다. 그곳에 도착하는 데 30분이 걸렸다. 이럴 때는 선외 모터가 장착된 고무보트를 끌고 가는 게 꽤 도움이 된다. 고래 관찰이 허가된 선박 중 유일하게 빠른 배였다.

갈매기가 너무 많이 날아다니고 있어서 오래 찾을 필요도 없었다. 그들은 멀리서 우리를 인도해주고 있었다. 가까이 다가가서 보니 상황적 증거가 너무 많고 분명했다. 우리가 검은 피부 조각들이 떠 있는 옆을 지나가는 동안 범고래 세 마리가 그 사이에서 놀고 있었는데, 마치 수구 경기를 하듯이 공중에 새끼 고래 꼬리 조각을 던지고 있었다. 그 한가운데에는 갈매기 수십 마리가 물 표면에 떠 있는 자잘한 조각들을 두고 시끄럽게 싸우고 있었다. 그런 게 삶이다. 누군가는 다른 누군가에게 생명을 주기 위해 죽는 것. 조금 멀리 떨어진 곳에 죽은 새끼 고래의 어미로 보이는 고래가 보였다. 그 어미 고래는 그곳을 떠나지 않고 계속 거친 숨소리를 냈다. 그녀는 자신에게 닥친 불행에 화를 내며 슬퍼하고 있었다. 하지만 삶은 계속되고, 고래들은 그것을 알고 있었다. 4일 후 우리는 다시 조객들 속에서 그녀를 볼 수 있었다. 수컷 고래 여섯 마리가 그녀를 뒤쫓았다. 비록 여러 번 싸움하는 모습이 보였지만, 겨울철 마지막 시기에 마지막 암컷 고래와 짝을 이룰 기회를 놓칠 리가 없었다.

다음 해에도 3월 8일에 벌어진 일과 같은 일로 범고래들을 많이 만났지만, 이미 그런 사투가 끝난 후에 도착했다. 하지만 꼭 그들이 이긴 것은 아니었다. 그 치열한 싸움에서 범고래들은 대부분 패배했다. 어쨌든 어미가 그 공격을 막아냈고, 새끼 고래는 꼬리가 약간 물어뜯긴 상처를 갖게 되긴 했지만, 삶의 큰 교훈을 얻었다는 걸 알 수 있었다. 그 부상으로 생명까지 위험해진 건 아니지만, 그들이 결코 바다에 혼자 있지 않다는 사실을 상기시키는 분명한 흉터가 되었을 것이다. 만에서 수년간 항해하는 동안, 갓 태어난 새끼뿐만 아니라 수많은 어른 혹등고래에게 엄청난 자국과 물린 흉터가 있는 걸 보고 놀랐다. 이것이야말로 유목민들과의 긴장감 넘치는 팽팽한 만남과 생존에 관한 진짜 이야기이다.

내가 본 범고래는 항상 먹을 것을 찾으려고 궁리했는데, 딱 한 번 그들이 바다거북을 먹는 걸 봤다. 딱딱한 등딱지는 그 거대한 이빨 앞에서 속수무책이었다. 그들이 죽자 살자 먹을거리를 찾고 에너지를 채우려 애쓰는 건 당연하다. 이 유목민들은 계속 움직이는데, 하루에 150킬로미터 이상도 이동할 수 있기 때문이다. 그러니까 내가 그들을 본 건 완전 행운이었다! 한편 거대한 바다 표면에서 소량의 먹이를 찾는 놀라운 능력을 갖춘 갈매기는 범고래를 찾을 때 우리의 최고 동맹자가 되었다.

분명히, 일반적으로 관찰되는 그런 행동 때문에 범고래는 고대부터 '킬러 고래killer whale' 또는 '고래들의 킬러'라고 불렸다. 이런 이름이 언제 처음으로 생겼는지는 아무도 모르지만, 그 학명은 그들 주위를 맴돌고 있는 민속적 영향을 분명하게 보여준다. 즉, 범고래Orcinus orca는 '지하 세계 바다 괴물'로 번역된다. 오늘날도 '킬러 고래'라는 이름은 여전히 유효하고 널리 사용된다. 하지만 수백 년 동안 이 놀라운 존재들에게 씌워졌던 공포와 거짓에 대한 신념을 없애는 데 전혀 도움이 되지 않는 불공평한 이름이라는 의견이 점점 더 많아지고 있다.

이름 때문에 편견이 생기고, 그 편견이 그 종을 해칠 수 있음을 확인하기 위해 판다Ailuropoda melanoleuca의 예를 살펴보자. 범고래나 판다 모두 몸이 흑백으로 뒤덮여 있지만, 후자는 전자에 비해 꽤 긍정적인 인기를 누린다. 모든 사람에게 판다는 보호해야 하는 귀엽고 작은 곰이기 때문이다. 누군가 그를 '오르코orco'(지하 세계)나 '식물들을 탐하는 곰'이라고 불렀다면 판다는 지금의 인기를 얻지 못했을 것이다. 하지만 우리의 친구 범고래orca(오르카, 지하 세계)는 여전히 그런 편견 속에서 불행을 겪고 있다.

비록 그들이 9미터의 크기에 몸무게는 8톤에 달하기 때문에 돌고래과 중에서는 가장 크긴 하지만, 그 크기 때문에 돌고래가 아닌 고래라고 불린다[학술적으로 고래와 돌고래 모두 '고래목'에 속하지만, 약 4미터를 경계로 작은 것을 돌고래, 큰 것을 고래라고 부름]. 혹시 고래와 돌고래를 구별하는 방법을 알고 있는가? 가장 간단한 방법은 바로 호흡기 구멍을 관찰하는 것이다. 이빨고래류(거두고래속**pilot whale**, 돌고래)는 숨구멍이 한 개이다. 반면 수염고래류(대왕고래, 긴수염고래, 혹등고래)는 숨구멍이 우리처럼 두 개인데, 이를 콧구멍이라고 부른다. 또 다른 간단한 방법은 (적어도 입을 열었을 때 보이는) 이빨이다. 고래는 이빨이 없는 대신 음식을 걸러내는 유연한 수염이 있다. 돌고래의 경우 모두 이빨이 있고, 범고래의 이빨은 원추형이며 최대 10센티미터까지 측정할 수 있어서 사나워 보인다.

두 눈을 숨겨주는 두 가지 색으로 이루어진 몸통과 더불어 신비로운 바다 모험을 감행한 그들은 고대인들에게 강한 인상을 남겼을 것이다. 범고래에 대한 첫 번째 설명은 1세기에 시작되었는데, 가이우스 플리니우스 세쿤두스Gaius Plinius Secundus〔고대 로마의 박물학자, 정치인, 군인〕는 이렇게 설명한다. "범고래는 나머지 종들의 적으로 그 외형은 야생 이빨을 가진 거대한 살덩어리라고 설명할 수 있다"라고 했다. 전 세계에서 수 세기 동안 비슷한 설명들이 반복되었다. 오늘날 우리가 아는 것을 바탕으로 이런 질문을 해볼 수 있다. "과연 그들이 실제로 그렇게 잔인하고 난폭한가?"

존경하는 독자들에게 전하는 내 대답은 "아니다"이다. 그 행동이 고의로 하는 잔인한 행위가 아니기 때문이다. 그들이 사냥꾼으로 태어난 것은 사실이지만, 동물 세계에서 독수리, 창꼬치〔이빨이 날카롭고 공격적인 꼬치고기과의 물고기〕 또는 작은 깡충거미jumping spider와 똑같은 포식자일 뿐이다. 사람들이 무슨 말을 하든, 나는 여전히 지구상에 존재하는 가장 잔인하고 무자비한 포식자는 인간이라고 생각한다. 그들과 우리의 차이점은 그들은 생존하기 위해 그렇게 하지만, 인간은 먹이가 있을 때도 그저 살인의 즐거움을 위해 그렇게 한다는 사실이다. 범고래는 평생 넓고 깊은 존중과 연대, 애정을 가지고 엄격하게 조직된 가족들 속에서 사는 매우 지능적이고 민감하며 연대책임을 질 줄 아는 동물이다.

프랑스의 해양과학자 장 미셸 쿠스토Jean Michel Cousteau는 범고래에 대해 "지구상에서 가장 복잡한 해양 종으로 바다에 있는 우리의 파트너"라고 설명한다. 오늘날 북아메리카 태평양 원주민들도 인간이 지구를 지배하는 것처럼 범고래는 바다를 지배하는 똑똑한 존재이며 명예롭고 존경할 만한 동물이라고 여긴다. 내가 가장 끌리는 믿음 중 하나는 범고래가 고래 사냥꾼이자 어부인 누트카족(북아메리카의 북서부 해안 밴쿠버에서 고기를 잡던 인디언)의 신봉 대상이라는 점이다. 같은 자원을 놓고 범고래와 직접 경쟁하는 상황에서도, 그 부족은 그들을 존중한다. 죽은 족장들이 범고래로 환생한다고 믿기 때문이다. 그래서 범고래를 죽이거나 어떤 식으로든 학대하는 것을 어리석은 일이라고 여긴다. 분명히 이 믿음은 그리 잘 알려지지 않은 영화인 〈올카Orca〉(1977)의 바탕이 되었는데, 여기서 수컷 범고래는 새끼를 밴 아내를 살해한 어리석은 어부에게 복수한다. 복수는 인간에게 매우 중요한 특징이지만, 호주와 북미에는 인간과 범고래의 협업에 대한 기록이 있다(예를 들어 범고래는 어부나 포경민들의 포획을 돕고 음식 일부를 얻었다). 그러나 복수를 하거나 원한을 갚는 일도 있었다(어부들이 어획물을 나눠주길 거부하면 범고래들은 돕던 일을 중단했다).

많은 이야기에서 가장 신기한 점은 인간이 끔찍하고 불공평한 방식으로 그들을 괴롭히고 학대했지만, 범고래는 결코 지연에서 인간을 죽이지 않았다는 점이다. 고래 연구 전문가인 영국의 에릭

호이트Erich Hoyt는 범고래가 자신의 운명이 사람의 손에 달려 있음을 알고 있다고 말한다. 그래서 그들은 우리와 함께 최선의 방식으로 행동하고, 멸종을 뜻하는 마지막 커튼이 떨어지기 전에 자신의 가장 좋은 모습을 보여주려 한다. 그러나 좀 더 낭만적인 견해로, 선사시대에 지구와 바다에서 가장 지능적이고 숙련된 존재인 인간과 범고래가 '신사협정'[법적 구속력을 갖지 않는 비공식적인 국제 협정]을 맺었다는 생각을 굳게 믿고 싶다. 이때는 인간이 더 영적이었으며, 모든 생명체와 맺은 관계를 알고 있었을 때였다. 그러나 우리 인간은 오래 기억하는 능력이 약하기 때문에 시간이 흐르면서 벌어지는 상황에 편리하게 적응한다. 그 영적인 유대감을 잊고 옛 계약을 잊어버린 우리는 그들을 경쟁자와 적으로 보게 되었다.

19세기 이후 범고래는 다른 고래처럼 사냥을 당했고, 그것으로도 모자라 경제적 가치가 높았던 연어와 고래, 물개가 잡아먹히는 걸 방지하기 위해 땅과 배에서 그들에게 총을 겨누었다. 이 관행은 매우 일반적이었는데, 미 해군은 아이슬란드 정부의 요청에 따라 연어 잡는 경쟁자였던 범고래들을 몇 분 만에 100마리씩 제거했다. 이는 1956년도에 일어났으며, 1972년까지는 그들을 총으로 쏘는 일이 허용되었다. 결국 인간 사회는 그들이 얼마나 환상적이고 놀랍도록 똑똑한지를 깨닫게 되었으며, 불행하고 바람직하지 않은 사건 덕분에 이제는 전 세계적으로 광범위한 보호와 존중을 누리고 있다.

무엇이 그들을 바라보는 우리의 시선을 이렇게 크게 바꾸어놓았을까? 나는 이 모든 게 1964년 역사상 유명해진 최초의 범고래 모비돌 때문이었다고 생각한다. 그 범고래는 동상의 실물 크기를 만드는 주형으로 사용되었는데, 그러기 위해서는 죽어야 했다. 하지만 7미터 길이의 작살을 맞고도 살아남자 밴쿠버 수족관으로 이송되었고, 첫날 2만 명의 방문객을 맞이하며 큰 관심을 불러일으켰다. 비록 몇 달밖에 살지 못했지만, 그 범고래는 자신들이 이름처럼 그렇게 잔인하지는 않다는 사실을 세상에 알려주기 위해 목숨을 바쳤다. 이는 그 범고래가 우리 인간에게 남긴 유산이었다. 그때부터 전 세계적으로 범고래를 잡아 전시하는 부끄러운 유행이 나타났다. 그러나 이 덕분에 과학계는 범고래에 더 관심을 보이기 시작했고, 오늘날에도 여전히 사용되는 야생동물 연구 방법을 구축했다. 여러분은 분명 영화 〈프리 윌리Free Willy〉(1993)를 봤을 것이다. 포로가 된 범고래와 그를 자유롭게 해주려는 불가능한 일을 시도한 소년의 이야기를 다룬 감동적인 영화이다. 주인공은 멕시코시티의 작은 워터파크에 살던 수컷 범고래 케이코로, 두 살이던 1979년부터 아이슬란드의 바다에 살던 가족과 헤어졌다. 영화의 성공 이후 이 범고래에게 진짜 자유를 주자는 강력한 사회운동이 전 세계적으로 일어났다. 사람들은 23년간 포로 생활을 한 그에게 케이코 프로젝트를 통해 자유롭게 살 수 있는 법을 가르쳤고, 가족과 살았던 아이슬란드 바다로 돌려보냈다. 그러나 케이코는 다른 범고래들과 잘 어울리지 못했고, 오히려 사람들과 계속 대화를 시도했다. 결국은 노르웨이 피오르까지 와서 잡혀 있었던 때처럼 생활하고, 아이들이 올라올 수 있도록 등을 대주기도 했다. 그는 자유의 몸이 된 지 1년 만에 사람들과 가까워지려고 애썼지만, 이후 폐렴으로 숨을 거뒀다.

이는 나에게 중요한 두 번째 사건이 되었다. 글을 쓰는 지금도 절대 잊을 수 없는 교훈 가득한 그 이야기를 생각하면 깊은 감동이 밀려온다. 그들이 원하는 곳으로 가서 매 순간 자유를 누리며 대양에서 자유롭게 수영하는 모습을 상상하면 마음이 편해진다. 그의 유산은 꽤 큰 영향을 주었다. 아이와 어른의 마음을 사로잡는 모든 해양 동물 쇼와 전 세계 수많은 아쿠아리움에 숨겨진 그들이 드러났기 때문이다. 케이코와 모비돌을 비롯해 잡혀서 아무도 모르는 곳에 갇혀 있던 164마리 범고래들 덕분에, 우리는 동물을 보는 이 기적인 즐거움을 위해 그들을 가두고 노예로 만드는 게 옳지 않다는 것을 깨달았다. 과연 우리는 뭔가를 배우긴 한 걸까?

04

집게벌레

귓속으로 들어오는 건 사양할게

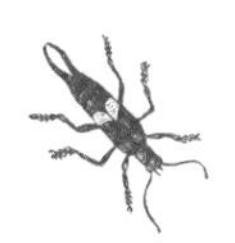

범고래가 삶에 대한 깊은 교훈을 주었다는 건 의심할 여지가 없다. 자, 이제는 아주 작은 크기와 복잡한 행동 때문에 내가 많이 존경하는 또 다른 존재에 관해 이야기해보려 한다. 이번에는 딱딱한 땅으로 들어가거나, 돌 아래를 뒤져보거나, 나무껍질 사이를 살펴보거나, 아니 어쩌면 우리 머릿속도 조사해봐야 할지 모른다. 맞다! 그들은 우리 머릿속에 침투하는 신기한 버릇 때문에 옛날부터 아이들과 어른들에게 겁을 주는 이야기에도 아주 많이 등장한다.

우리 삼촌, 돈 호세 메나 몬토야는 고향인 레온 출신의 유명한 역사가였다. 그는 상상력이 풍부한 작가로, 실제 경험이든 상상 속 이야기든 시작만 하면 지인들뿐만 아니라 처음 보는 사람들도 다 그에게 빠져들었다. 옷차림 때문인지, 시가를 피우는 모습 때문인지, 아니면 자극적인 농담 때문인지는 모르겠지만, 나는 그를 존경했고 늘 그와 더 많은 시간을 보내고 싶어 했다. 내가 곤충을 좋아하고 관심이 있다는 걸 알았던 삼촌은 자신의 할아버지, 즉

내 증조부가 해주었다는 이야기를 들려주었다.

"너 왜 사람들이 솜으로 귀를 막고 자는지 알아?" 삼촌은 이야기를 시작하면서 먼저 질문을 던졌다. 어린 나이였던 나는 어깨를 으쓱하고 고개를 흔들며 모르겠다고 대답했다. 그러자 "집게벌레가 귀 안에 들어가지 못하게 막으려는 거야!"라고 소리쳤다. 그리고 내 귀를 조금 잡아당기면서 집게벌레에게는 작고, 특히 깨끗하지 않은 이런 구멍이 최고의 은신처이며, 이곳으로 들어가려는 독특한 취향이 있다고 했다. 삼촌 말에 따르면 문제는 집게벌레의 몸이 커질 때인데, 밖으로 나오지 못해 몸으로 파고들어 그 안에서 다른 출구를 찾는다는 것이다. 특히 우리가 잘 때 귓속으로 들어가는 걸 좋아하는데, 깨어 있을 때는 그러기 어렵기 때문이다. 게다가 그들은 너무 가늘어서 좁은 틈새를 쉽게 통과할 수 있기 때문에, 집 안의 문과 창문을 다 닫는다 해도 들어오는 걸 완벽히 막을 수는 없다. 날든 걷든 어떻게 해서든지 따뜻한 인간의 몸을 찾아내고, 일단 찾으면 구멍들을 살펴보기 위해 우리 몸 전체를 여행한다. 하지만 어쩌다 코에 도착해도 콧구멍으로 들어가는 것만은 극구 사양한다. 공기가 드나드는 것을 좋아하지 않기 때문이다. 그래서 귓밥 냄새가 나는 귀를 찾아다닌다. 그들은 우리가 방어할 시간도 없이 재빨리 귓속으로 들어가고, 결국에는 고막이 찢어질 것이다. 그런데 고막은 이런 동물이 뇌로 들어가는 것을 막아주는 자연 장벽 역할을 한다. 이때 만일 잠을 자고 있다면, 쿠바의 귀로güiro〔호리병박으로 만든 악기〕 리듬에 맞춰 춤추는 꿈을 꿀지도 모른다. 하지만 실제로는 집게벌레가 여섯 개의 다리로 기어가는 소리이고, 그러는 동안 고막은 찢어지게 된다.

알아채지 못하는 사람들도 있겠지만, 깨어 있는 사람들은 무서운 고통을 겪지. 문제는 의사가 귀를 검사할 때는 이미 벌레가 사라진 후라는 거야. 그 벌레가 있을 때, 그리고 며칠 후까지 이어지는 고통을 감히 설명할 수 있는 사람은 아무도 없어. 잘 아는 것처럼 뇌 자체는 통증을 느낄 수 없어서, 그게 일단 뇌로 들어가면 그 안에서 뭘 하는지 도통 알 수가 없거든. 의사가 그들의 방문을 알 수 있는 유일한 단서는 갑작스러운 행동의 변화이지. 유머 감각이 변하거나, 갑자기 화를 내거나 무례한 행동을 할 수도 있지. 어떤 경우에는 집게벌레가 어느 방향으로 갔는지에 따라 행동이 느려지거나, 아주 게으름뱅이가 될 수도 있지. 그들은 굶어 죽지 않기 위해 작은 뇌 조각이라도 먹기 시작할 거고, 유일한 탈출구인 다른 귀가 있는 방향으로 가는 길을 찾을 수도 있겠지. 때때로 실수를 해서 눈이 있는 방향으로 가기도 해. 그건 상상할 수 없는 최악의 고문을 의미하지. 때로는 똑같은 집게벌레라도 아주 크다면 시력이 흐려지기도 하고. 가장 짧은 길을 따라가면 1~2주 안에 다른 뇌엽에 도달할 거고, 이런 일이 발생하면 정신이 이상해지거나, 몸의 움직임이 서로 잘 안 맞거나, 갑자기 죽을 수도 있어. 이런 일이 생기면 의사가 할 수 있는 일은 거의 없고, 그 벌레가 사라질 때까시 기다릴 수밖에 없단다. 그러니까 꼭 조심해야 해. 숲속에 놀러 가면 그런 벌레가 네 귀에 들어가지 않길 바랄게!

삼촌은 내게 사악한 웃음을 지으며 그 이야기를 마쳤고, 놀람과 공포로 뒤범벅이 된 나는 꿀 먹은 벙어리가 되었다. 그날 밤 나는 어머니에게 작은 두 귀를 솜으로 꽉 막아달라고 애원했다. 하지만 그녀는 편안한 미소를 지으며, 아무 일도 일어나지 않을 거고 삼촌 말은 무시하라며 달래주었다. 너무 지친 상태로 잠자리에 들려는데 문뜩 이웃집에 사는 후안 생각이 났다. 그는 너무 조심성이 없어서 여기저기 부딪히고 다니는 바람에 늘 새로운 혹이 났기 때문이다. 또 사촌인 헤라르도 생각났는데, 그의 과잉행동은 유명한 의사들도 고개를 절레절레 흔들 정도였다. 혹시 그들 속에 집게벌레 한 마리(혹은 여러 마리)가 들어갔던 건 아니었나 하는 생각이 들었다. 하지만 시간이 흐르면서 내 사촌은 침착하고 똑똑한 남자가 되었고, 그래서 집게벌레의 공격은 당하지 않았다는 걸 알 수 있었다. 이웃집 후안은 여기저기 넘어지기도 했는데, 잘 생각해보니 이 벌레 때문이 아니라 여름에 레모네이드 마시듯 테킬라 수십 병을 마셨기 때문이 아닌가 싶다.

나는 수년 동안 그때 삼촌이 해준 이야기가 사실일지도 모른다는 생각을 계속했다. 흥미롭게도 암컷이 뇌 안에 알을 낳고 거기서 나온 애벌레가 뇌 전체를 삼키리라 확신하는, 머리가 쭈뼛 서는 사건들을 이야기하는 사람들도 많다. 그러나 그런 믿음이 얼마만큼 사실일까? 물론 이런 이야기는 인간 사회가 구전으로 지식을 전달했던 시대로 거슬러 올라가야 한다. 환상은 이야기 속에서 매우 중요한 요소이기 때문이다. 원래 이야기가 말 그대로 텔레비전 프로그램과 이야기책에 많이 나오는 공포 이야기가 될 때까지는 점진적으로 과장되는 과정이 필요하다.

이를 위해서는 1세기부터 작성되기 시작한 집게벌레에 관한 글들을 참고해야 할 것 같다. 첫 번째 글로, 기원후 77년 로마의 정치가 가이우스 플리니우스 세쿤두스는 자신의 책《박물지Naturalis Historia》에서 집게벌레와 다른 곤충들이 귀에 들어갔을 때는 그 안에 침을 뱉으면 벌레가 즉시 나올 거라고 조언했다. 이후 그 방법이 개선되어 올리브유, 아몬드 기름, 또는 최악의 경우 귀 옆에 매우 잘 익은 사과를 놓아두라고 했다. 벌레들이 맛있는 사과 맛을 참지 못하고 스스로 나오게 될 것이기 때문이다.

그러나 우리가 궁금해하는 것에 대한 설명은 그 어디에도 없었고, 그저 꺼내는 방법만 적혀 있었다. 정말 그들은 우리 귓속에 들어갈까? 집게벌레 침입에 대한 최초의 기록은 아마도 아우스터리츠전투가 끝난 1805년이 될 것 같다. 프랑스로 돌아가던 한 장군이 차에 몸을 기대고 있었는데, 귀에서 참을 수 없는 고통을 느끼기 시작했다. 그를 살펴본 의사가 귀 안에 곤충이 들어 있는 걸 알고 꺼내려 하자 더 세게 달라붙어 통증만 커졌다. 또 다른 의사는 기존의 전통적 방법에 따라 약간의 기름을 부어 집게벌레를 빼냈다. 실제로 전 지구에 걸쳐 절지동물들이 사람의 귀에 들어간 사례가 많고, 여기에는 집게벌레도 포함된다. 바퀴벌레와 꿀벌, 딱정벌레, 진드기가 들어가는 경우가 가장 흔하고, 쥐며느리(공벌레)에 대한 언급은 없었지만 귀에 들어갈 수 있다고 알려져 있다. 2012년 추운 밤, 내가 겪은 사건 덕분에 이 작고 무해한 곤충이 귀에 침입했을 때 얼마나 고통스러운지 증명할 수 있게 되었다.

친애하는 독자 여러분이여, 절지동물이 우리 귀에 들어가는 결정적 원인이 위생이 나빠서가 아니라는 사실을 꼭 전한다. 단순히 운이 나쁜 거고, 많은 경우는 나에게 일어난 일이 그랬듯 그 이유를 설명할 수가 없다. 나는 정글 지역에서 살았던 적이 있는데, 그곳에서는 예기치 않은 일들이 많이 벌어졌다. 특히 방에서 자고 있으면 무언가 천장으로 기어와서 얼굴 위로 떨어지는 일이 자주 벌어졌다. 전갈의 침략으로 여러 번 물린 후, 침대 다리를 각각 물이 가득한 병 안에 세워서 다시는 침대로 올라와 쏘지 못하도록 막은 적이 많다. 그런데 천장으로 올라가 내 위로 떨어지리라고 누가 상상이나 했겠는가!

쥐며느리와도 비슷한 일이 벌어졌는데, 그건 스페인 도시의 전형적인 집, 평범한 방 안에서 일어났다. 녀석이 금속 다리로 된 침대에 올라와 이불과 시트를 타고 마침내 내 귀까지 들어온 것은 정말 알 수 없는 미스터리이다. 나는 평화롭게 잠을 자다가 아주 예리한 고통을 느끼기 시작했다. 그러다 결국 잠에서 깨어나 침대를 뛰쳐 내려왔고, 비명을 지르며 화장실로 달려갔다. 나는 귀 안에 뭔가가 움직이고 날카로운 뭔가에 찔린 듯한 느낌을 받았다. 벌레가 침입했다는 걸 깨달은 순간 손가락을 집어넣고 싶은 마음이 굴

똑같았지만, 꾹 참고 조심스럽게 살펴보기 위해 거울 쪽으로 다가갔다. 귓속을 자세히 살펴보려고 머리를 옆으로 약간 기울였는데, 별 시답지 않은 등각류 하나가 거꾸로 뒤집힌 채 세면대 위로 떨어졌다. 놀란 아내는 무슨 일인지 살펴보러 화장실로 들어왔고, 이 이상한 만남에서 운 좋게 살아남은 그 벌레를 손가락으로 가리키자 그녀는 화들짝 놀랐다. 내 고통은 녀석이 나오자마자 멈추었다. 난 그것이 녀석의 잘못이 아니라는 건 알았지만, 화장지에 싸서 녀석에게는 훌륭한 대피소이자 먹을 것까지 찾을 수 있는 화분 속에 넣어주었다. 이상한 이야기는 하나 더 있다.

집게벌레의 전설과 관련해 그들이 고막 장벽을 넘을 수 없고, 뇌를 먹어 치우는 법도 없으며, 거기에 알을 낳을 수 없다는 점을 비롯해 모든 이야기가 사실이 아니라는 점을 확실히 말해줄 수 있다. 늘 그렇듯이, 우리 인간은 진리와 논리보다 상상력과 두려움을 따를 때가 더 많다.

집게벌레의 좋은 이미지를 나쁘게 만드는 모든 이야기는 중세의 앵글로색슨 문화에서 비롯된 것으로 보인다. 여섯 개 이상의 언어권에서 집게벌레는 귀 또는 청력을 뜻하는 단어로 되어 있다. 예를 들어 영어로는 '이어윅earwig'이라고 하는데, 해석하면 '듣는 벌레'이다. 프랑스어로는 '페르세오헤이유perce-oreille'라고 하는데, '듣는 구멍'이라는 뜻이다. 독일어로는 '오어부름Ohrwurm', 즉 '귓속에 사는 벌레'라고 한다. 그러나 이 뜻에 대해서는 또 다른 이론이 있다. 귀(외이)와 청각기는 같은 의미가 될 수 있는데, 이 곤충의 날개

내 손가락을 조사하고 있는

호기심 많은 집게벌레.

가 인간의 귀 모양을 하고 있다고 볼 때 그들의 이름은 습성보다는 날개 모양에서 유래한다고 주장하는 사람들도 있다. 유럽에서는 카롤루스 린나이우스Carolus Linnaeus[스웨덴의 식물학자 칼 폰 린네의 라틴어 이름. 생물분류학의 기초를 놓는 데 결정적으로 이바지해 현대 '식물학의 시조'로 불림]가 가장 흔히 볼 수 있는 집게벌레에 학술적 이름을 부여했는데, 정말 탁월한 선택이었다. 그는 이를 집게벌레목 양집게벌레 Forficula auricularia라고 불렀다. 이는 대략 '귀 가위'로 번역할 수 있다.

정확히 스페인어로는 집게벌레 배 끝부분에 나무줄기의 직경을 재는 기구로서 집게(핀셋)라고 불리는, 실제로 가위와 비슷하게 움직이는 기구가 한 쌍 달려 있다는 것을 묘사하고 있다. 어떤 곳에선 그들을 '거시기 자르기cortapichas'라고 부르는데, 정말 인간의 상상력이란…….

그들은 힘이 세지 않지만, 집게를 확실한 방어 무기로 사용할 수 있다. 그러나 날개를 펼치며 작은 먹이를 잡고, 가장 중요한 짝짓기를 하는 데 주로 사용한다. 수컷 집게벌레의 집게는 눈에 띄게 길고 구부러져 있으며, 짝짓기 중에 파트너를 안아주고 고정할 수 있다. 그러므로 집게벌레 세계에서는 집게의 크기가 중요하고, 암컷 집게벌레는 가위가 긴 수컷에게 특별한 매력을 느낀다는 연구 결과도 나왔다. 참, 별일이다!

우리는 동물의 외모만 보고 본능적으로 매력을 느끼지만, 이 작은 존재들은 인간을 포함한 포유류와 조류의 사회생활과는 비교할 수 없을 정도로 아주 복잡한 생활을 한다. 이들은 작고 무기력해 보이지만 어미 집게벌레는 매우 용감하다. 새끼들이 알에서 부화해 독립할 때까지 사랑과 시간을 쏟아붓고, 때로는 새끼의 성장을 위해 자기 삶도 기꺼이 내어준다. 1773년으로 거슬러 올라가서, 스웨덴의 생물학자 찰스 데 예르Charles de Geer는 어미 집게벌레의 행동에 감탄하고 관찰한 내용을 상세히 기록했다. 그때부터 이루어진 모든 연구를 보면 암컷 집게벌레가 새끼에게 보여준 헌신에 관한 내용이 일치한다. 그들은 위험과 홍수로부터 알이 흩어지지 않도록 둥지를 몸으로 틀어막고, 그 위에서 며칠 동안 알을 품는다. 또 알들이 토양에서 수분을 흡수하도록 이리저리 돌려주고, 알에 곰팡이가 생기거나 섞이지 않도록 주기적으로 입으로 핥아 청소하며 보호한다. 만일 관찰자가 알을 흩으면 어미는 곧장 다시 알을 모으고 감싼다. 새끼 집게벌레가 태어나면 자기 아래 모아두고 보호하며, 먹었던 음식까지 토해서 새끼들에게 먹인다.

현재 곤충 세계에서는 집게벌레가 '실험실 쥐'로 여겨지는데, 사회적 행동과 부모의 보호에 관한 복잡한 연구를 수행하는 데 다른 곤충에 비해서 상대적으로 쉽기 때문이다. 그러나 이제 과학의 눈은 그들의 날개에 더욱 주목하고 있다. 수 세기 동안 신경도 안 썼던 날개 디자인이 지금 다시 유행하기 때문이다. 20세기에도 집게벌레가 날 수 없다고 주장하는 사람들이 있었다. 일부 종은 날개가 없는 것이 사실이지만, 대다수는 놀라운 비행 기술이 있다. 그리고 수백 마리 또는 수천 마리가 모여 갑자기 비행하는 이유는 오늘날까지도 여전히 과학계의 신비로 남아 있다. 그러나 과학계는 날 수 있는 능력보다 날개의 복잡한 구조에 흥미를 갖는다. 그들은 원래 크기의 최대 10배에 달하는, 매우 얇지만 강한 날개를 펼칠 수 있다. 그런 다음 겉날개(껍질 날개) 아래에 복잡한 종이접기를 하듯 접어 넣는다. 이 겉날개는 딱딱해서 날개가 필요하지 않을 때 날개들을 보호해준다.

이 놀라운 곤충이 우리에게 얼마나 더 많은 비밀을 알려주게 될까? 어쩌면 미국 줄무늬 집게벌레Doru taeniatum처럼 현대식 개인 방어 준비법을 알려줄지도 모른다. 그들은 집게를 자기방어 수단으로 사용하는데, 복부의 땀샘에서 자극적인 화학물질을 뿜으며 매우 효과적으로 적을 공격한다. 다른 곤충에게서는 볼 수 없는 아주 경제적인 능력이다. 이 용감한 어미 집게벌레를 보면서, 인간 어미들이 악의적이고 비겁한 사람들로부터 자신을 방어하는 특별한 기술을 후손들에게 어떻게 가르쳐야 할지 짐작해볼 수 있었다. 나는 이를 자르고 찌르는 '집게벌레 기술'이라고 부를 것이다.

05

나비

두세 마리의 쐐기벌레는 견뎌야지

지금까지 우리는 팀워크와 사회적 단결이 인간만의 속성이 아니고, 동물의 행동도 매우 복잡하다는 것을 살펴보았다. 하지만 놀랄 일은 여기에서 끝이 아니다! 내가 어렸을 때였는데, 하루는 어머니께서 정원의 거대한 덩굴을 가지치기하다 땅바닥에서 어둡고 노란 반점이 있는 작고 신중한 갈색 애벌레를 발견했다. 무슨 이유에서인지 그녀는 애벌레를 우리 집에 입양하기로 했고, 나는 신선한 가지와 잎으로 장식한 테라리엄〔식물을 기르거나 뱀·거북 등을 넣어 기르는 데 쓰는 유리 용기〕 안에 그 벌레를 넣는 일을 도왔다. 나는 매일 학교에서 돌아오면 새로운 잎을 넣어주었고, 녀석이 어떻게 먹고 자라는지 볼 수 있었다. 물론 세상에서 가장 큰 애벌레는 아니었지만, 매일 조금씩 자라서 내 눈에는 너무 커 보였다. 지금도 그들이 작은 알을 낳고, 그게 번데기로 변하며, 불과 몇 주 만에 나비가 되어 부피가 최대 3000배 늘어난다는 사실이 너무 놀랍다! 마치 갓 태어난 새끼 고양이가 두 달 만에 성인 벵골 호랑이가 되는 것과 같은 느낌이다.

학교를 마치고 돌아온 어느 날, 2주 동안 엄청난 양을 먹어 치운 그 애벌레가 움직이지 않고 몸이 딱딱해져서 나뭇가지에 붙어 있는 모습을 보았다. 번데기가 된 것이다! 혹시나 죽었을까 봐 걱정하며 손가락으로 부드럽게 만져보자, 귀찮게 하지 말라는 듯 조금 몸을 흔들며 반응했다. 그래서 우리 가족들은 모두 어떤 종류의 나비가 될지, 화려한 날개는 얼마나 아름다울지 상상하며 기대했다. 그렇게 며칠이 지났고, 서재의 어두운 구석에 놓아둔 테라리움과 그 안의 움직이지 않는 누에고치를 깜빡 잊고 있었다. 마침내 일요일 아침, 놀랍게도 방 모퉁이에 신비하고 거대한 검은 나비가 나타났다.

조금은 실망스러웠다! 노란색과 초록색이 뒤섞인 나비를 볼 수 있을 거라 기대했기 때문이다. 정말 부끄러웠던 건, 천장에 매달린 박쥐인 줄 알고 엄청난 비명을 질렀다는 사실. 이후 그것은 아메리카 대륙에서 가장 큰 야행성 나비 종으로 밝혀졌으며, '검은 마녀' 나방 또는 '늙은 쥐' 나방Ascalapha odorata으로 널리 알려져 있었다. 어머니는 처음부터 붙잡아두려는 의도가 아니었기에 집에서 나가도록 문과 창문을 열어두었는데, 녀석은 온종일 꼼짝도 하지 않았다. 밤이 되자 부엌에서 펄럭이는 것이 보였고, 아버지의 도움으로 우리는 녀석을 정원 문을 통해 날려 보낼 수 있었다.

학생 시절, 여름에 경비 아저씨가 이런 나비들을 빗자루로 내쫓으면 세상의 종말이라도 온 것처럼 모두가 여기저기서 크게 비명을 질러댔다. 아주 흔하게 볼 수 있는 모습이었다. 시간이 흐르면서 약 20센티미터 크기의 이런 나방들에 대한 비이성적인 두려움과 신념이 깊이 자리 잡게 되었다. 사람들은 그들이 집에 들어오면 누군가 죽을 거라고 생각했다. 죽음의 길을 안내하기 위해 그 집에 들어갔다고 믿었기 때문이다. 이러한 두려움은 그들이 불운과 죽음에 관련되어 있다고 생각한 콜럼버스 이전 사람들로부터 물려받은 것이었다. 나우아틀어(아즈텍 원주민 언어)로 그들을 믹틀란파파로틀mictlanpapalotl이라고 불렀는데, '죽은 자들 나라의 나비'를 뜻한다. 마야어로는 이쉬마하나x'mahana라고 부르는데, '외간 집의 거주인'이라는 뜻이다. 어떤 사람들은 그들이 내세를 여행하지 못하고 방황하는 영혼이라고 믿었다. 하지만 그걸 믿든 아니든, 마치 그들을 죽여야 가정에 떨어진 저주를 없앨 수 있다고 생각하는 듯 모든 곳에서 빗자루로 그들을 맞는다. 설령 그들이 극심한 대기오염을 피하기 위해 대피소를 찾아 집 안에 들어왔다고 해도, 사랑하는 사람을 잃어버릴 위험까지 감수하면서 들이고 싶어 하는 사람은 아무도 없다. 신기한 자료들도 있는데, 그 애벌레를 죽이면 운이 나쁘다고 생각하는 사람들도 있고, 멕시코의 많은 지역에서는 미식가의 기쁨이기도 하다.

나비는 자연에서 가장 아름답고 호감을 주는 존재 중 하나이지만 그 애벌레, 흔히 벌레와 혼동되는 미성숙한 형태는 그렇게 소중히 여겨지거나 존중받지 못한다. 몇 가지 예외를 제외하면, 식물을 먹어 치우기 때문에 해충으로 치부하고 원치 않는 존재로 여긴다. 또 별 관심이 안 가는 아주 따분하며 괴상한 동물로 여기기도 한다. 하지만 행동·모양·색상의 다양성을 보면 그리 지루한 곤충은 아닌 듯하다. 그리고 확실히 말하건대, 가장 아름다운 나비들은 때때로 가장 끔찍한 모양을 하고 이상하게 움직이는 애벌레에서 시작된다. 어떤 애벌레들은 새들의 분비물과 똑같은 생김새로 똑같이 안 좋은 냄새를 풍기기도 한다.

사랑하는 독자 여러분, 애벌레가 마음에 들지 않으면 앙투안 드 생텍쥐페리Antoine de Saint-Exupéry의 유명한 소설 《어린 왕자》에 등장하는 꽃을 생각해보길 강력히 권한다. 그 꽃은 이런 현명한 말을 한다. "나비를 알고 싶으면 두세 마리의 쐐기벌레는 견뎌야지." 부디 조금이라도 공감해주시길!

나는 평생 작고 크고 아름답고 추한 많은 종류의 애벌레를 보았는데, 그들이 자신을 방어하기 위해 개발해둔 다양한 전략에 아주 놀랐다. 벌거벗었다가도 아름답고 매력적인 색으로 옷 입기를 좋아하는 일부 애벌레는 포식자에게 치명적인 독을 퍼뜨린다. 반대로 어떤 신중한 애벌레들은 누군가 귀찮게 하면 손을 떼게 만들 수 있는 따끔따끔한 잔털로 몸을 덮는 걸 좋아한다. 멕시코에서는 이들을 '케마도라스quemadoras'[버너, 열기구라는 뜻으로 검고 빳빳한 털로 덮인 애벌레를 뜻함]라고 부르는데, 그들을 잡아먹으려 했던 포식자는 피부에 자극을 받을까 봐 다시는 시도하지 않았다.

스페인에 도착한 지 얼마 안 된 어느 날, 나는 소나무 숲 아래에서 초목을 정리하기 시작했는데, 알레르기 반응이 멈추질 않아 의사를 찾아가야 했다. 육안으로 아주 간단한 검사를 진행한 후 의

사는 "매우 가려운 홍반성 부종 구진[살갗에 돋아나는 발진]인데, 금방 사라질 겁니다"라고 말했다. 운 좋게도 나는 의사의 아들이라 그의 말을 바로 알아들을 수 있었다. 목과 팔에 두드러기가 많이 났는데 견디기 힘든 가려움이었다. 그때 처음 알게 된 원인은 바로 행렬털애벌레Thaumetopoea pityocampa로 알려진 애벌레들이 떨어뜨린 '가느다란 잔털'이었다. 모두가 자기만의 이유로 그 '털이 많은' 애벌레에 접근하지 않으려 애쓰지만, 아무도 나에게 경고해주지 않았었다. 자연에서 자주 일어나는 일인데 나는 안 좋은 경험을 통해 배웠고, 그 이후로 그들과 가까이하지 않게 되었다.

방어 행동에 관해 이야기하다 보니, 매우 독특한 특징을 지닌 나비가 떠오른다. 만일 내가 좀 더 저속한 책을 쓰고 있었다면, 지금 그것을 ×× 같다고 말했을 것이다. 그들을 처음 본 날 너무 흥미로웠는데, 눈앞의 장면이 잘 믿기지 않았다. 하지만 며칠 후 내 의혹이 합당했다는 걸 확인할 수 있었다. 이 나비들은 "최고의 방어는 공격이다"라는 법칙을 완벽하게 적용할 줄 알았기 때문이다.

열대 아메리카에서는 그들을 '천둥 나비Hamadryas sp.'라고 부른다. 열대 환경에 사는 이 나비는 그 이름처럼 30미터 거리에서도 들을 수 있는 아주 강한 소리를 낸다. 이 소리가 어떤지 상상해보려면 전선 스파크 소리 또는 젖은 나무를 모닥불에 넣을 때 들리는 소리와 비슷하다고 생각하면 될 것 같다. 몇 초 동안 계속 반복되고 있다면 바로 거기 그 나비가 있다는 뜻이다!

많은 다른 종이 있을 수 있지만, 내가 관찰한 종은 회색 날개의 윗부분에 밝은 반점이 있고, 청록색과 붉은 색조를 강조한 타원형 모양과 S자 모양이 있었다. 그 나비는 가장 높은 야자수의 줄기에 앉아 있었는데, 나무에 날개를 붙이고 햇볕 아래에서 꼼짝하지 않았다. 어떤 나비든 근처에서 날아다니면 거리가 1미터든 10미터든 상관없이 곧장 놀라운 속도로 그 불쌍한 침입자에게 날아갔다. 그리고 야자나무에서 20미터 밖까지 쫓아가며 귀에 거슬리는 '티크, 티크, 티크' 소리를 내기 시작했다. 전혀 신경을 쓸 일이 없는 파리들을 제외하면, 그들이 발효된 당분 액체가 나오는 나무껍질에서 영양분을 얻는다는 사실을 나중에 알게 되었다. 이후 조사를 거쳐 이 나비와 다른 나비 가족이 뛰어난 청력을 지녔다는 사실을 발견했다. 그들 중 일부는 박쥐가 발산하는 초음파까지 들을 수 있어서 박쥐에게 잡아먹히지 않았다.

그러나 이것이 유일한 영역 종territorial species은 아니다. 언뜻 보기엔 훨훨 날아다니며 노는 것처럼 보일 수도 있지만, 그들의 치열한 대립을 여러 번 목격했다. 그들은 격렬한 영토 싸움을 벌이는 맹수와 비슷하다. 열매를 먹고 사는 사교적인 포유동물인 아주 멋진 코아티coatí[주로 남아메리카에 서식하는 아메리카너구리과 동물]를 찾아 카메라를 들고 밀림을 다니던 어느 날, 나비 두 마리가 몇 분 동안 조용히 싸우는 걸 목격했다. 사진을 찍고 싶어 플래시를 사용하긴 했지만, 신기한 움직임이 나타난 그림자 사진을 얻었다. 그렇게 그곳에서 일어난 생생한 전투 기록이 남게 되었다.

모든 나비가 전사는 아니다. 대다수는 다른 종들과 평화롭게 공존하는 아름답고 특별한 예술가이다. 사회생활과 협동의 여왕은 단연코 제왕나비Danaus plexippus plexippus인데, 매년 캐나다와 미국에서 멕시코 중부 산악 지역으로 길고 위험한 이동을 하는 전 세계적으로 유명한 나비이다. 사막과 수십 개의 도시를 가로질러야 해서 이동에는 2개월 이상 걸리고, 거리는 약 5000킬로미터쯤 된다. 부모님 댁은 시골길 아래쪽에 있었는데, 그들이 종종 정원에 핀 꽃 속의 꿀을 마시러 왔다. 도로를 돌아다니다 보면, 수십 미터밖에 안 되는 높이의 빽빽한 구름 속에서 날아다니는 것도 보였다.

제왕나비를 법으로 매우 엄격하게 보호하기 훨씬 전에 그들의 이주를 아주 가까이에서 볼 수 있었던 건 큰 행운이었다. 오늘날 그들이 겨울잠을 자기 위해 도착하는 성역들은 외부인의 방해를 받지 않도록 엄격하게 통제된다. 대다수는 대중들에게 공개되지 않거나, 보호를 위해서 정확한 위치가 비밀로 유지된다. 방문자는 많아도 공개되는 성역들은 매우 적기 때문에, 그들은 내가 전에 살았던 곳에서 경험한 것처럼 가까이 경험하지는 못한다. 그때 나는 제왕나비들과 좀 더 가까운 만남을 갖기로 마음을 먹고, 부모님과 두 생물학자 친구들과 함께 들판을 여기저기 다니며 모험을 시작했다.

우리는 그 지역의 한 남자와 연락이 닿았다. 그곳 산들의 지형을 완벽하게 알고 있어 세밀한 경로로 우리를 데려갈 수 있는 사람이었다. 보호구역을 포함한 대부분 지역은 마약 밀매를 방시하기 위해 통제되기 때문에, 무장하고 지키는 위험한 사람들을 만날 수

기나긴 여행 중에

우리 집 정원에 핀 꽃의 꿀을 마시러 온

제왕나비.

있으므로 지금이라면 감히 그런 위험을 감수하지 않았을 것이다. 그러나 당시는 현지인의 도움을 받아 함께 간다면 그리 위험을 느끼지 않았을 때였다. 울창한 초목들 사이에서 좁고 엉망인 길들을 한참 지난 후, 오래된 사륜구동으로는 더는 여행을 계속할 수 없어서 도보로 걷기 시작했다. 그는 '지름길'로 간다며 나무가 없는 황량한 곳으로 우리를 이끌었다. 그곳은 '보호'구역으로 추정되는 중심부였는데, 매일 불법 벌목으로 나무들이 희생당하고 있었다. 이 슬픈 이야기는 특별히 따로 한 장을 할애해야 할 것이다. 우선은 하던 이야기를 계속해보자. 우리는 어렸을 때 많이 즐겼던 울창한 오야멜전나무 숲으로 조금씩 들어갔다. 두 시간을 걸었을 뿐인데 온종일 걸은 것만 같았다. 높은 봉우리의 골짜기 반대편에는 완전히 다른 나무들 수십 종이 보였는데, 나뭇가지와 수관[줄기·잎·꽃 등 지표면 위로 드러난 모든 식물 특징들의 총합 구조]은 갈색으로 뒤덮였고, 마치 누군가 거대한 주황색 천주머니로 싸놓은 것만 같았다.

"보세요, 저기 있어요!" 숨을 고르려는데 가이드가 소리쳤다. 우리는 30분 더 걸어 내려가 개울을 건너 다시 등반한 후 제왕나비 수백만 마리의 휴식 공간으로 조금씩 들어섰다. 그 공간은 나무들로 완전히 뒤덮여 있었다. 단단하지만 구부러져 있는 소나무 가지들에는 곧 부러질 것처럼 엄청난 양의 나비들이 서로 완벽하게 줄지어 쌓여 있었다. 바닥을 내려다보니, 추운 겨울 동안 산에 몰아친 낮은 기온에 희생된 죽은 나비 수천 마리가 사방에 누워 있었다. 실제로 수많은 나비가 바닥에 깔려 있어서 그 부서지기 쉬운 몸을 밟지 않고는 걸어갈 수 없을 지경이었다.

아침의 태양이 비추면서 첫 번째 광선이 가지 사이를 통과하기 시작했다. 우리는 가능한 한 최대로 조심하며 넓게 개방된 지역으로 갔는데, 그곳의 아름다움에 너무 놀랐다. '포도송이처럼 주렁주렁 매달려 있는' 나비들이 햇빛을 받자 살아서 날개를 움직이기 시작했기 때문이다. 간밤에 추위를 견디며 햇볕이 절실했던 나비들은 새로운 하루를 얻게 된 것을 축하하려는 듯 날기 시작했다. 몇 분 안에 제왕나비 수천 마리가 우리 주위에서 펄럭였다. 마치 땅과 하나가 된 것처럼 주황색과 검은색, 흰색으로 뒤섞인 그들이 의식을 치르듯 하늘로 솟아올랐다. 여러 색의 모자이크로 얽혀 있는 삶과 죽음이 얼마나 대조적이던지. 그러나 우리가 머물 수 있는 시간은 너무 짧았고, 곧바로 돌아와야 했다. 경험이 풍부한 가이드의 설명과, 힘든 길을 걸으며 생긴 두 손의 상처들 덕분에 우리는 험난한 멕시코 산악 지역에서의 힘든 삶에 관한 많은 이야기를 들을 수 있었다. 그의 이야기를 듣는 30분이 마치 5분처럼 짧게 느껴졌다. 우리는 소수의 사람만 알고 있다는 그 비밀 장소를 떠나야 했다. 나는 상상할 수 있는 최고의 방법으로 그 제왕나비들과 작별 인사를 했다. 수십 마리가 내 머리와 어깨에 앉았기 때문이다. 잠시였지만 나는 그들의 일부가 된 것만 같았다!

제왕나비들의 이동은 그 자체가 기적이다. 여기에는 수많은 세대의 나비가 포함되어 있기 때문이다. 멕시코에 도착하는 나비들은 이전 이주자들의 3세대 또는 4세대 후손들이다. 즉, 이전에 한 번도 가보지 않은 수천 킬로미터 떨어진 곳으로 여행을 떠나는 것이다! 핀 크기의 작은 머리에는 아직도 밝혀지지 않은 놀라운 다세대 메모리 시스템과 현대의 지리적 위치 시스템을 능가하는 직관적인 GPS가 들어 있다.

그러나 모든 제왕나비가 멀리 이동하거나, 가야 할 곳으로 가는 건 아니다. 완전히 연구된 내용은 아니지만, 나는 많은 제왕나비가 멕시코 태평양의 따뜻한 해안에 나타난다고 확신한다. 이곳에서는 한겨울에도 제왕나비들이 훨훨 날아다니며 저지대 밀림의 꽃들에서 양분을 얻는다. 하지만 나머지 나비들은 겨울잠을 잔다. 휴가지로 해변을 잘 선택한 걸까? 나도 겨울 휴가지로 바다와 산 중에 선택해야 한다면 당연히 바다를 선택할 것이다. 멀리 이동은 하지만 잘 알려지지 않은 종도 있고, 제왕나비보다 더 길게 여행할 수 있는 다른 종들도 있다. 유럽과 영국에서 흔히 볼 수 있는 작은멋쟁이나비Vanessa cardui는 더 극단적인 휴가를 선택한다. 그들이 스페인에 사는지 영국에 사는지는 별로 중요하지 않다. 때가 되면 좀 더 남쪽으로 가서 쉬려고 황량한 사하라사막을 건너기 때문이다. 사람들에게는 많이 알려지지 않았지만, 여러 세대가 함께하는 그 여행 거리가 9000킬로미터에 달한다는 점을 고려할 때, 제왕나비의 이동과 같거나 훨씬 더 훌륭하다.

놀라운 현상들에 대해 말하자면, 여러분도 분명 디큐멘터리를 통해 연못이나 개울의 둑 주위에서 수백 마리의 나비가 모여 펼치는 유례없는 쇼를 봤을 것이다. 이들에 관한 이야기 중에는 사람들이 잘 모르는 사실이 하나 있다. 이들은 짐승 사체 위에 앉는 걸 좋아하고, 특별히 가축의 신선한 똥을 선호한다. 그곳에서 혈성 액체bloody fluids를 핥으며 하루를 보낸다!

숲을 걷다 보면 때때로 우리가 자연과 어떻게 연결되어 있는지 깨닫는데, 그럴 때 세상에서 가장 행복한 사람이라는 생각이 든다. 즉, 나비가 우리 근처에서 펄럭이며 신의 선물처럼 우리 위에 살포시 내려앉을 때 그렇다. 그러면 우리는 감상에 젖어서 녀석이 어떻게 팔 위에서 움직이는지 살펴본다. 놀라게 하지 않으면 녀석은 손 위로 침착하게 걸어가고, 손가락까지 가서 주둥이를 내리고 살갗의 맛을 보기도 한다. 그들은 짠 피부를 특히 좋아하기 때문에 땀을 흘리며 쉬고 있는 등산객의 이마를 핥는 일을 망설이지 않을 것이다. 그들의 나선형 혀가 어디에 있는지 알 필요는 없다. 그저 그 순간을 즐기면 된다!

열대 지역에 사는 많은 나비는 일광욕하는 악어나 거북이의 눈물을 마시는 걸 좋아하지만, 잠자는 새의 눈물이나 다른 동물의 피를 좋아하는 야행성 나방도 있다. 흥미롭게도 이런 것들을 먹는 나비의 99퍼센트가 수컷임이 밝혀졌다. 암컷은 어떨까? 더 얌전한 걸까? 이 액체를 마시는 이유가 알을 낳을 때 꼭 필요한 나트륨과 그 외 필수 아미노산을 얻기 위해서라는 연구 결과는 매우 흥미롭다. 만일 그렇다면, 암컷이 더 필요로 하는 것이 이론상 맞는데도 정확히 반대 일이 벌어진다. 암컷은 지능이 뛰어나기 때문에 더 위생적으로 생활하려고 그 일을 수컷에게 맡겼고, 그래서 수컷만 이 지저분한 잔치를 즐기는 것 같다. 따라서 수컷들은 암컷에게 구애할 때, 건강하고 나트륨이 풍부한 알을 생산하는 데 필요한 비타민이 가득 찬 '종합' 패키지를 선물하며 암컷을 기쁘게 해줄 것이다. 그 결과 암컷들은 산책하고 영양을 섭취하며, 건강한 알을 낳을 만한 장소를 찾을 수 있다.

분명 나비는 날아다니는 방법, 그리고 다양한 모양과 색깔 때문에 사람들이 좋아하는 곤충 중 하나이다. 일반적으로 전 세계 어디에서나 잘 볼 수 있고, 사람들에게 존경받으며, 특히 선사시대 이래로 사람으로 환생하길 바라는 죽은 자들의 영혼과 관련이 있다고 여겨졌다. 이는 멕시코의 검은 나비에 대한 믿음과 반대되는 긍정적인 생각이다. 또 다른 이야기들을 보면 그들은 다가오는 영혼이며, 다른 이야기에서는 떠나는 사람들을 뜻한다.

그러나 가장 큰 신비 중 하나는 스페인어로 나비를 뜻하는 '마리포사mariposa'라는 이름의 유래이다. 이 단어는 어디에서 왔으며 무엇을 의미할까? 대략 1400년경의 고전적 설명에 따르면, 명사인 '마리아maría'와 '포사르posar'(내려앉다)라는 동사에서 유래했다. 오래전 불렀던 동요 〈마리아, 내려앉아María, pósate〉는 이 곤충을 떠올리게 한다. 하지만 나는 그 이야기에 별로 신뢰가 안 간다. 그 뜻이 훨씬 더 오래되고 복잡할 거라는 생각이 든다. 그래서 조사한 결과, 바르셀로나 연구원 엔리케 카브레하스 이네스타Enrique Cabrejas Iñesta의 매우 흥미로운 '이베리아 약어 이론'을 발견했다. 그에 따르면 이베리아어(이베리아반도의 지중해 쪽 내륙부와 프랑스 동남부에서 쓰던 언어)에서 나비는 '지나가는 것' 또는 '사라지다'라는 뜻의 '파사헤라pasajera'로 설명할 수 있다. 개인적으로는 날개 달린 장엄한 존재들의 행동과 날아다니는 모습이 이 단어와 가장 잘 어울린다고 생각한다. 나는 이 설명이 가장 맘에 든다! 다른 언어들에서 그 이름은 어떤 연관성도 없고 본래 의미와 다르다. 프랑스어로는 파피용papillon, 이탈리아어로는 파르팔라farfalla, 영어로는 버터플라이butterfly다. 가장 신기한 점은, 고대 그리스어에서 인간의 영혼을 정의하는 데 사용된 단어인 프시케psyche라고 불렀다는 사실이다. 정말 놀랍지 않은가?

나는 진실하고 비밀스러운 동물의 언어를 이해할 수 없다는 사실이 늘 불만이다. 단 하루라도 현대의 닥터 두리틀Doctor Dolittle(1920년에 미국의 아동문학가 휴 로프팅Hugh Lofting이 만든 캐릭터로, 자신의 언어로 동물과 대화할 수 있는 인물)처럼 살아 있는 존재들과 의사소통하는 능력이 있었으면 좋겠다. 그중에서 특히 나무와 거미, 말벌 언어의 전문가였으면 좋겠다. 할 수만 있다면 '부적절한' 이름을 받은 생물들을 인터뷰하고 싶은데, 분명 그들은 나를 쏘아보며 그렇게 부르는 사람들을 신랄하게 비판할 것이다. 그리고 나의 첫 번째 인터뷰 대상은 네오팔파 도널드트럼피Neopalpa Donaldtrumpi라는 야행성 나방이 될 것이다. 이들을 발견한 사람은 나방의 머리에 있는 노란색 비늘을 보고 오늘날 전 세계적으로 논란을 일으키는 불편한 인물의 노란 머리를 떠올리며 그런 이름을 붙였다. 작고 불행한 나방이 그런 독특한 머리 모양을 한 게 무슨 잘못이란 말인가? 만일 그 나방이 자기 이름의 뜻을 안다면, 분명 그렇게 불리는 것을 멈추기 위해 가능한 모든 일을 했을 것이다. 그 나비는 수많은 예 중 하나일 뿐이다. '킬러 고래'라고 불리는 범고래도 그렇고, 대체할 만한 이름이 없어 불행한 말벌avispa[공격적이고 성미가 급한 사람을 뜻함]도 마찬가지이다. 그렇게 그들은 날개 위에 얹힌 무겁고 불명예스러운 이름의 무게를 견딜 수밖에 없다.

06

갈매기

하필 내 결혼식날 찾아온 그 녀석

말벌 이야기에 감탄하기 전에 잠시 숨을 고르며 지구상에서 성격과 행동이 가장 복잡한 새 이야기를 하려고 한다. 이 새는 매우 다양하고도 심각한 편견을 날개에 얹은 채 사는 많은 종들 중 하나로, 수많은 곳에서 그들을 '불쾌한 동물'이라고 선언하며, 없애기 위해 잔인하고 때로는 비인간적인 행동을 한다. 지난 100년 동안은 주로 명성을 얻었지만, 우리 모두의 잘못으로 지금은 부당하게도 '비행 쥐' 또는 '바다 큰 독수리'라고 불린다.

조류학자들과 조류 애호가들에게 갈매기 관찰은 매우 만족감을 주는 활동이며, 갈매기는 전 세계 많은 사람이 제일 좋아하는 새이기도 하다. 가장 경험 많은 조류학자들도 식별하기가 어렵다는 점에서 그들은 '지적인 자극'을 주는 대상이다. 태어나서 1~4년 사이에 깃털이 다양해질 뿐만 아니라, 다른 종과 짝짓는 습관도 있기 때문이다. 따라서 잡종 조류가 셀 수 없을 정도로 많고, 그들의 특징은 육안으로 식별하기가 거의 불가능하다.

각종 색과 깃털보다도 내가 관심을 많이 두는 부분은 그들의 행동이다. 혹시 해변에서 일광욕하거나 해안가의 수많은 테라스에서 맛있는 맥주를 마시며 그들을 관찰한 적이 있는가? 아는지 모르겠지만, 그들은 항상 우리를 지켜보고 있다! 모래 위에 조용히 누워 있는 모습이 보일 때도 있지만, 언제라도 입에 넣을 수 있는 무언가를 포착하기만 하면 곧바로 쫓아갈 수 있고, 누군가 부주의하게 흘리고 간 샌드위치 조각을 잡으려 애를 쓰기도 한다.

왜 그들의 존재가 우리에게 그토록 불편한지 궁금하지 않은가? 인정하기 싫겠지만, 아마도 우리 인간과 닮아서일 것이다. 가장 간단한 예로 그들은 항상 가장 쉽고 편안한 생활 방식을 추구한다. 다시 말하자면, 우리의 사는 모습을 그대로 보여준다. 인간이 사는 곳이 천국임을 깨닫는 건 시간문제이다. 음식과 물, 안전한 처소가 있는 곳이 천국이므로 그들은 항구와 도시로 이사해 우리의 새로운 이웃이 되었다. 물론 그들이 시끄러운 건 사실이지만, 기회주의적인 습관을 포함한 엄청난 자신감이 우리를 겁먹게 만드는 부분이 아닌가 싶다.

1980년대 이전부터 우리는 일부 갈매기 종이 인간이 만든 환경에 어떻게 적응하고 있는지 관찰했다. 그들은 건물 지붕에 둥지를 틀고, 도시의 분수에서 하는 상쾌한 물놀이에 익숙해지는 등 여러 측면에서 식사와 번식 습관을 수정했다. 내가 생물학을 배우는 학생이었을 때 한 교수님이 들려준 이야기는 너무 인상적이라 지금도 잊을 수가 없다. 그는 태평양의 외딴섬에서 갈매기 둥지의 숫자를 조사하고 있었는데, 겁에 질린 새끼 갈매기가 요크햄(슬라이스

햄)을 그의 얼굴에 토해냈다. 그는 해안에서 수백 킬로미터 떨어진 둥지에 햄 한 조각이 어떻게 던져졌는지, 어떻게 이 새끼 갈매기가 먹게 되었는지 궁금해질 수밖에 없었다. 그 부모들이 음식을 구하는 놀라운 능력에 대해 듣고 나니 또 다른 의문이 생겼다. 그렇다면 갈매기가 내륙 쪽으로 점점 더 들어가고, 심지어 원래 '집'에서 아주 먼, 해안에서 수백 킬로미터 떨어진 내륙에 둥지를 트는 건 누구의 잘못일까? 먹을거리를 찾지 못하면 어떻게 바다에서 살아갈까? 설상가상으로 우리는 깨끗한 해변을 보고 싶어 모래를 반질반질하게 하고, 계속 밀려드는 파도에 실려오는 모든 유기물을 제거하기 위해 기계를 사용한다. 이런 식으로 우리가 보기에는 깨끗한 해변이 되었지만, 한때 거주자였던 갈매기들에게는 생명력 없는 불모의 땅이 되었다. 정말 슬프다!

먹으려는 본능적인 욕구와 지나가면서 걸리는 모든 것을 먹을 수 있는 놀라운 능력을 고려할 때, 언젠가 갈매기는 인간의 다양한 문화와 미식 여행을 비교할 수 있는 수준에 이를 것이다. 하루의 첫 끼를 찾아 바다로 간 그들은, 어선을 따라가서 약간의 찌꺼기를 얻어먹고, 다시 딱딱한 땅으로 들어가 경작 지역을 방문해 곤충을 찾는다. 그리고 기회를 놓치지 않고 쓰레기장 앞에 멈춰 서서 비닐봉지를 찢고 그 안의 파리와 벌레를 폭식한다. 오후에는 공원에 들러 사람들에게 친절히 대한 뒤 음식을 조금 달라고 '간청한다.' 반면 어떤 갈매기들은 사람들이 산만한 틈을 타 감자튀김 몇 개를 훔칠 기회를 엿보기도 한다. 또 그들은 만족스럽게 중앙

원형 교차로에 있는 큰 분수대로 가서 방해받지 않은 채 목욕을 하고, 건물 위에 앉아 휴식을 취한 후 밤이 되면 약간 잡담을 나눈다. 그리 나쁜 하루는 아니다, 안 그런가?

나는 그들의 강인함과 적응력이 감탄스럽다. 이런 이유로 오래전부터 그들의 행동은 연구 대상이 되었고, 흥미진진한 결과들도 나왔다. 그러나 더 잘 알기 위해서는 가까이 경험하는 것보다 더 좋은 건 없다. 나는 갈매기를 가까이에서 경험한 적이 많지 않다. 그나마 해변에서 발견한 병든 어린 갈매기들을 구조한 적이 있는데, 보통은 독성이 있는 물질 때문에 병에 걸려 있었다. 그 당시 나는 여러 업무를 동시에 하고 있었다. 푸에르토바야르타에 있는 메리어트 호텔과 계약을 맺고 시설 주변의 모든 환경 문제를 처리하는 '공식적인' 생물학자로 고용된 적이 있다. 그곳에는 바다거북 수백 마리가 둥지를 트는 매우 중요한 해변이 있었고, 악어가 있는 맹그로브 지역과 무척 가까웠기 때문이다. 또 종종 보아뱀과 강 거북, 박쥐, 새, 아주 고집이 센 너구리 가족과 같은 다양한 동물들이 호텔 연못과 수영장으로 침입하는 모험을 감행했다. 나는 가장 좋아하는 일을 하며 월급까지 받는 특권을 누렸을 뿐 아니라, 호텔 관계자들은 한 나라의 대사를 대하듯 나를 융숭하게 대접해주었다. 한마디로 나는 자연과 관련된 주제에 대해 결정을 내릴 절대 권한이 있었다. 따라서 호텔은 10년 이상 '나의 사무실'이 되었다. 내 운영 센터이자 이 지역에서 가장 크고 중요한 본부이기도 한 곳에서 나는 바다거북의 둥지를 부화시키고 새끼들을 풀어주었다.

그때의 흥미진진한 일화들을 꺼낼 수도 있지만, 우선은 갈매기 이야기에 집중해야 할 것 같다. 야간 정찰을 나갈 때면 종종 모래 위에서 자는 새가 있었는데, 다음 날 해가 뜨기도 전에 해변에 있던 직원이 몇몇 새가 날 수 없다며 연락해왔다. 그래서 몇 시간도 채 못 자고 다시 돌아가 갈매기를 붙잡고는, 깃털에 기생하는 곤충들이 내 팔뚝에 진을 치지 못하게 막으면서 특별 치료를 감행했다.

그날 아침, 그 행운의 새는 어린 붉은부리회색갈매기Heermann's gull, Larus heermanni였다. 그 갈매기는 우리에게 어떤 의심도 없던 터라 붙잡는 데는 별로 어렵지 않았다. 물론 아주 상태가 안 좋아서 저항하지 못한 것도 사실이다. 나는 갈매기를 '뒷방'으로 데리고 갔다. 나는 그곳을 작고 적당한 마당 정원이라고 불렀는데, 아이들이 호텔에서 주최하는 활동들을 하면서 사용한 더러운 수건을 놓아두는 수레와 선베드를 보관했던 곳으로 상당히 컸다. 시간이 흐르면서 동물 구조 빈도가 높아졌고, 그 뒷방은 창고보다 응급처치 센터처럼 보이게 되었다. 이전에 풀어준 어른 바다거북을 돌보는 데 사용한 커다란 손수레 중 하나는 임시 연못으로 사용할 수 있도록 해수로 채웠다. 그곳에는 뱀이나 거북을 보관할 수 있는 용기, 갓 잡은 갈매기를 싣는 개 이동장 등 기꺼이 나를 지켜준 많은 물건이 있었다. 장비가 얼마 없었던 나는 이전 경험을 십분 활용했고, 항상 호의적으로 손길을 내밀어준 진정한 수의학자인 친구 파코 아길라르의 도움도 받았다. 보통 내가 특수 주사기로 위감염을 치료하고 수분을 공급하는 약을 주입하면, 몇 시간 안에 현저히 회복되는 모습을 보였다.

같은 날 오후 어린 갈매기를 보러 돌아왔는데, 여전히 비행할 힘은 없었지만 놀랍도록 잘 회복되고 있었다. 수영을 할 수 있도록 갈매기를 커다란 용기에 넣어두었는데, 원래는 파충류를 위해 담수를 채워 만든 작은 수영장이었다. 단 몇 시간 만에 갈매기는 투숙객들 사이에서 인기를 독차지하게 되었고, 호텔 직원들도 아주 좋아했다. 투숙객들은 갈매기 사진을 찍기 위해 조심스럽게 줄까지 섰다. 나는 녀석을 다시 운반구로 옮겨 다음 날 아침까지 자게 두었다. 먹이를 주고 날려 보낼 계획이었다. 그날 아침 일찍 부엌에서 새우와 생선을 가져왔다. 호텔 손님들이 그 광경을 보러 오는 동안 갈매기에게 햇볕을 쬐어주려고 수영장 옆 정원으로 데리고 나갔다. 녀석은 순식간에 새우 네 마리와 물고기를 먹어 치웠다. 그리고 즉시 자신의 작은 수영장으로 뛰어들어 기분 좋게 목욕을 하고 날개로 물을 튀겼다. 마치 평생 그곳에 살았던 것처럼 정원을 걸어 다니기 시작했고, 땅에서 찾은 모든 것을 검사하고, 손님 중 한 사람의 신발 끈을 물기도 했다. 그리고 길을 계속 걸어갔는데, 놀라운 방향 감각으로 해변에 연결된 계단을 향해 갔고, 호텔 직원 다섯 명과 생물학자, 경비원, 호기심 많은 손님 열 명의 호위를 받았다. 그렇게 아무 일도 없었다는 듯 날개를 펄럭이기 시작했고, 살짝 어설픈 두 번의 시도 끝에 결국 날았으며, 수평선으로 사라졌다. 주변에 있던 사람들은 녀석이 우리에게 감사

인사를 하지 않았다고 농담을 했지만, 나는 그 새가 우리의 환대에 매우 감사하며 떠났다고 확신한다.

하지만 갈매기와 함께했던 잊을 수 없는 최고의 경험은 정확하게 내 결혼식날 있었다. 최고의 모험은 기대하지 않았던 모험이라고들 하는데, 정말 전혀 상상치도 못한 일이었다. 결혼식이 채 두 시간도 남지 않았는데, 두세 살쯤 된 거대한 노란다리갈매기Larus michahellis가 우리 집에 나타났다. 다행히도, 사랑하는 아내 마르는 나를 있는 모습 그대로 사랑해주고 내 기이한 행동도 기꺼이 받아주는 사람이다. 내가 삼십 분 늦게 머리에 빗질도 하지 않은 채로 식장에 나타났음에도 불구하고, 그것을 나의 엄청난 유머 감각으로 받아주었다. 아무튼, 그렇게 창피한 모습으로 결혼식에 늦은 이유가 뭐냐고? 사실 그 갈매기는 혼자 온 게 아니라, 죽을 수밖에 없는 상태에서 살려달라는 절박한 심정으로 사람들이 내게 데리고 왔다.

모든 일은 2013년 12월 아침, 알리칸테 지방 어느 곳에서 시작되었다. 이 갈매기는 분명 매일 하던 대로 음식을 찾아 미식 산책을 하던 갈매기 중 하나였다. 일부는 그 모험을 즐길 수 있지만, 여기에는 높은 위험이 수반되고 모두가 살아남는 건 아니다. 그날 아침, 한 무리의 갈매기가 학교 안뜰에서 쉬며 자신들의 운을 시험해보기로 했던 것 같다. 그리고 우리의 불행한 갈매기는 남은 샌드위치를 몰래 먹는 데 정신이 팔려서 익명의 소년이 던진 돌에 맞게 되었다. 충격을 받은 녀석은 탈출을 시도했지만, 결국 성공하지 못했고, 정원에서 그랬듯이 우선 몸을 숨겼다. 녀석을 붙잡는 시도가 실패로 돌아간 후, 교사 중 한 명이 내 친구 아넬에게 도움을 요청했다. 그녀는 언젠가 아들을 데리러 학교에 갔다가 새들을 구출하는 특별한 재능을 선보이는 바람에 유명해졌기 때문이다. 아무튼 우여곡절 끝에 녀석이 붙잡혔는데 한쪽 날개가 부러져 있었고, 더 문제는 골절된 날개를 수술할 수 있는 사람을 찾는 것이었다. 많은 수의사와 외상 전문의와 이야기를 나누었는데, 다행히도 그중 한 명이 이 복잡한 임무를 맡아주기로 했다. 복잡한 수술이었지만 성공적으로 마친 후, 다시 날기까지는 오랜 회복 시간을 보내야 했다. 마르는 녀석에게 그리살리다라는 이름을 붙여주었다.

모두가 그리살리다에게 보호소 제공을 거부하기 전, 아넬은 남편이 조류 공포증이 있었지만 녀석을 집으로 데리고 가 임시로 만든 테라스 공간에 살게 했다. 하지만 얼마 되지 않아 그런 크기의 갈매기를 돌보는 게 쉬운 일이 아님을 깨달았다. 그 이유는 특히 그들이 가장 똑똑한 새 중 하나라는 데 있다. 겉으로 보기엔 멀쩡히 며칠을 보낸 후, 그리살리다는 아무도 보지 못하는 틈을 타서 새장을 열고 테라스에서 뛰어내리는 방법을 알아냈다. 퇴근 후에 아넬은 마을 단지 내 수영장에 갈매기 한 마리가 있는 걸 발견했고, 테라스에 있어야 하는 바로 그 갈매기라는 것을 금방 알아차렸다. 내 친구는 갈매기와 함께 수영장 안에서 우스꽝스러운 잡기 놀이를 한 후 다시 새장으로 돌아왔고, 새장 문의 보안은 매우 강화되었다. 한편 좀 더 어울리는 집을 만들려고 계속 노력했지만 잘 되질 않았다. 이쯤에서 내 이야기가 등장하는데, 아넬이 2주 동안 급하고 미룰 수 없는 여행을 가게 된 때였다.

아무런 예고 없이, 그녀는 골판지 상자에 갈매기를 집어넣은 채로 우리 집에 나타났다. 동물의 권리와 복지를 위해 끝없이 싸우는 사람에게 어찌 감히 싫다고 거절할 수가 있겠는가? 그날 아침, 나는 정말 바쁜 상황이었지만 우리 집 테라스의 대피소를 살펴봤다. 절대 갈매기가 전처럼 도망칠 수 없는 곳이었다. 우선 우리 집에는 수영장이 없고, 사방이 거리로 연결되었기 때문이다. 나는 정원처럼 만들기 위해 여기저기서 물건을 모으고 천으로 벽에 울타리를 쳤다. 시계를 보니 내 인생의 가장 중요한 약속을 위한 시간이 다가오고 있었다. 결혼식장에 정시 도착하거나, 갈매기를 위한 장소를 마련할 때까지 집에 좀 더 남아 있는 것 중 하나를 선택해야 했다. 물론 나는 두 번째 옵션을 선택했다. 결혼식이 끝나면 파티가 시작되고, 밤까지 집에 돌아오지 못할 것이기 때문이었다. 갈매기에게 물과 음식, 그리고 안전하게 있을 수 있는 거처를 만들어주고 떠나야 했다. 그렇게 큰 갈매기를 직접 본 적이 없었기에 많이 놀랐고, 사실 부리로 쫄까 봐 두렵기도 했다. 나는 갈매기에게 "이리 오렴. 착하게 굴어야 해. 상자 밖으로 나와, 늦었단 말이야!"라고 말했지만, 갈매기는 밖으로 나오길 거부했다.

시계는 오후 한 시를 가리키고 있었다. 계획대로라면 미래의 아내가 기다리는 주민 센터 문 앞에 있어야 했다. 하지만 나는 그 시간에 골판지 상자에서 나오라며 갈매기에게 간청하고 있었다. 부리로 두 번 물린 후에야 녀석을 상자에서 꺼냈고, 창고에 둔 대형 강아지 캐리어에 넣을 수 있었다. 추위를 막기 위해 우선 두꺼운 담요로 뒤덮은 피난처를 만들어서, 원하는 때 테라스에서 자유롭게 걸어 다닐 수 있게 해주었다. 우리가 없을 때 녀석이 뜻밖의 사고를 당하지 않길 바라며, 샤워하고 옷을 차려입기 위해 급히 아래층으로 내려갔다. 하지만 이미 너무 늦어서 머리를 빗고 묶는 것도 까먹었다. 그 당시 나는 머리가 아주 길었는데, 젖은 채로 결혼식에 와서 엉망이 되었다. 사진 속 내 모습을 보면 아직도 부끄럽다. 또 하객들이 마르에게 내가 어디에 있다 왔는지 물었을 때, 집에서 갈매기 집 만들어주다가 왔다고 아무렇지도 않게 대답했던 걸 떠올리면 지금도 웃음이 난다. 그들은 예상치 못한 대답에 여러 번 웃으며 이렇게 말했다. "신랑이 갈매기에게 별장을 만들어주느라 늦은 게 이상한 일이 아니었군!", "이모, 멘탈이 갑이네요", "둘 다 똑같이 특이해서 정말 다행이네요!" 물론 내가 도착하자마자 모두가 박수를 보내주었고, 나보다 갈매기의 안부를 물었다.

운 좋게도 모든 일이 잘되었고, 그리살리다에게 먹이를 주면서 조금씩 친구가 되었다. 나는 녀석에게 유럽 멸치Engraulis encrasicolus를 사주었는데, 매일 먹는 양이 늘었다. 날개가 부러져서 이동하는 건 한계가 있었지만, 점차 더 많은 날개 운동을 했다. 녀석은 아주 가끔 자리를 비우기도 했는데, 탈출을 시도했던 것 같다. 하지만 다행히도 그때마다 새로 만들어진 수영장 안으로 떨어졌다. 그 당시 나는 일을 하지 않았기 때문에 시간을 들여 집중해서 돌볼 수 있었다. 특히 녀석을 깨끗이 닦아주었지만, 전혀 좋은 향기가 나지 않았다. 그러나 그것을 즐겼고, 녀석도 나를 친구로 생각했기 때문에 열악한 천으로 만든 울타리가 바람에 무너져도 절대 탈출을 시도하지 않았다. 우리 사이에는 나름의 의식ritual도 있었다. 바닥을 걸레질할 때면, 담수가 담긴 작은 수영장과 음식 쟁반을 놓아주었다. 물 호스 덕분에 비를 내려줄 수 있었고, 그러면 녀석은 행복하게 목욕했다. 정오가 되면 주로 썩은 고기를 먹는 기회주의자 육식동물인 말벌들이 주변에서 생선 찌꺼기를 발견하고는 먹기 위해 매일 방문했다. 녀석이 그 말벌들을 쫓고 먹으려 했는데도 말이다. 한 달이 지나자 매일 아침 날려고 시도했고, 나는 더 많은 공간을 확보해주어야 했다. 더 많은 시간을 할애해 감시했고, 집 벽에 뛰어오르지 않도록 조심시켰다. 나는 의자를 들고 나와 녀석 곁에서 햇볕을 쬐며 책을 읽었다. 그러자 탈출을 시도하는 대신 내가 있는 곳으로 내려와 내 옆에 드러누웠다.

발을 딛거나 점프도 했는데, 놀랍게도 내 다리까지 올라왔다. 머리와 큰 부리가 거의 내 눈높이에 있었는데, 누구라도 위협을 느꼈을 것이다. 책을 조심스럽게 내려놓고 녀석을 관찰하는 동안, 녀석도 나를 바라보았다. 녀석의 눈 속에서 지적인 존재의 눈빛을 볼 수 있었다. 차가운 눈빛도 따뜻한 눈빛도 아니었는데, 설명하지 못할 친숙함이 느껴졌다. 내가 쓰다듬자 가만히 있었고, 머리와 차가운 물갈퀴 발을 만질 수 있었다. 녀석은 나를 다시 보고 하

우리 집에 살면서

내 마음을 훔쳐간 갈매기

그리살리다.

늘을 바라보며 무언가를 말하고 싶은 것처럼 머리를 계속 돌렸다. 녀석은 날고 싶어 하면서도 침착했는데, 다른 갈매기들이 우리 위로 날아가자 크게 소리치며 그들을 불렀다.

그렇게 우리 집에 온 지 넉 달이나 지났지만, 날개가 다 회복되지 않았다. 안타깝게도 녀석이 다시 날 수 없다는 사실을 받아들여야 했다. 우리는 적어도 일 년에 몇 주는 멕시코를 여행해야 했는데, 그리살리다는 이미 우리 가족의 일원이 되어서 다른 사람들에게 맡기는 건 정말 힘든 일이었다. 불행히도, 갈매기를 반려동물처럼 세계 반대편으로 데리고 다니며 여행하는 것은 항공사에도 전례가 없었다. 우리는 사람들과 멀리 떨어진 외로운 해변에 녀석을 풀어줄 방법을 연구했지만, 가능한 방법을 찾아내는 데 더 시간이 걸렸다. 녀석을 위한 좀 더 확실한 집을 찾아야 했다. 하지만 매우 친절하고 관리하기 쉬운 동물임에도 불구하고 심각한 문제가 있었다. 녀석이 개들과 어떤 나쁜 경험이 있었는지 모르겠지만, 개만 보면 통제되지 않는 공황 발작을 겪었고, 구토하면서 심하게 도망쳤다.

결국 네덜란드 친구의 도움으로 새가 더 많은 개인 보호소를 찾았고, 다행히도 그곳에서 녀석을 받아주었다. 추위를 막아줄 오두막과 연못이 있고 울타리로 막힌 공간을 배정받았으며, 물론 그곳에는 개가 없었다. 한 달 후, 우리는 그리살리다의 사진이 첨부된 이메일을 받았다. 녀석이 아주 잘 적응했다는 소식이었고, 사진 속 녀석은 오두막에서 쉬고 있었다. 하지만 안타깝게도 불과 몇 주 후에, 어떤 개가 울타리 밑을 파고 몰래 들어와 녀석을 죽였다는 슬픈 소식을 들었다. 나는 삶과 죽음에 대한 끔찍한 교훈을 얻었다. 우리는 아무리 노력해도 자신이나 타인의 운명을 통제할 수 없다는 사실을 종종 잊어버린다. 때때로 나는 그리살리다의 성격을 생각해보곤 하는데, 그럴 때마다 리처드 바크Richard Bach의 책 속 유명한 주인공인 갈매기 '조나단 리빙스턴'이 떠오른다. 단지 먹는 것에만 만족하는 갈매기가 아니었던 주인공은 이렇게 말한다. "우리는 원하는 어느 곳이든 가고, 우리 자신이 될 수 있는 자유가 있다." 맞는 말이다. 만일 이 새들에 대해 감탄할 것이 있다면, 바로 그들의 자유이다.

갈매기가 바다에서 우리의 동반자로 여겨진 건 그리 오래되지 않았다. 그들은 선원들에게 악천후를 미리 경고하고, 가까이에 육지가 있다는 것도 알려주었다. 또한 죽은 선원들을 위해 울고 있다고도 한다. 이제 우리는 그들이 더는 필요하지 않다는 이유로, 그저 귀찮게 하고 시끄럽게 떠들며 자동차와 집 외관을 얼룩지게 한다며 미워한다. 우리는 얼마나 더 이기적인 존재가 될 수 있을까!

그들이 사람들 사는 곳에 오는 이유와 방법을 이해하기 위해 그들의 지능을 연구하는 것은 분명 큰 도전이다. 아마도 우리에게 적응하는 방법과 그 거대한 날개와 우아한 깃털, 그리고 자부심을 나타내는 자세를 보면, 갈매기로부터 많은 것을 배울 수 있을 것이다. 그들은 일부일처제로 가정적인 새이며, 심혈을 기울여 새끼를 돌본다. 또한 사회적인 동물로 무엇보다도 의사소통을 활발히 한다. 조나단 리빙스턴은 책에서 이런 말로 작별 인사를 했다. "눈에 보이는 것을 믿지 마. 그건 다 한계가 있어. 이해하면서 보고, 이미 아는 것을 찾아내. 그러면 너는 잘 나는 법을 알게 될 거야." 우리가 그 조언을 따르고, 편견보다는 이해가 우리를 이끌어간다면, 자연을 해석하고 갈매기와 말벌을 포함한 모든 자연과 공존할 올바른 방법을 찾을 수 있지 않을까.

07

말벌

어쩌면 세상을 구할지도 몰라

공존에 대해 말을 하려고 하면 내 머리와 가슴은 말벌처럼 떨린다. 이제 내 마음을 훔친, 작지만 거대한 말벌에 관해서 이야기할 시간이 왔다. 물론 말벌에게 물리면 고통스럽지만, 그들은 장미처럼 아름답고 선인장처럼 흥미롭다. 하지만 쐐기풀처럼 제대로 이해받지 못하는 존재이기도 하다.

"애한테 한 번도 물린 적이 없어서 하는 말이겠죠." 언젠가 처마에 있던 말벌을 발견한 아주머니에게 사람에게는 전혀 피해를 주지 않으니 죽이지 말아달라고 설득하자 돌아온 대답이다. 솔직히 오늘날 자기 정원에 사는 말벌을 존중하고, 그게 아니더라도 최소한 그들과 매일 함께 살 준비가 된 사람들은 아마 한 손에 꼽을 것이다. 여러분도 그런 준비가 안 된 사람 중 하나라면, 그게 여러분 잘못은 아니다. 하지만 마음을 바꿀 시간은 아직 얼마든지 있다. 우리는 어렸을 때부터 말벌을 무서워하고 피하며, 기회가 생기는 대로 그들을 죽이고 그 소굴을 없애라고 배웠다. 한 번쯤 말벌에 물려 고통당한 사람은 있지만, 그들이 왜 우리를 무는지 분석하는 사람은 거의 없다. 어떤 사건은 우발적이거나 예기치 못한 것, 또 그럴 수밖에 없었다고 생각할 수도 있겠지만, 대부분은 미리 피할 수 있는 일이었음을 명심해야 한다. 비록 여러분이 그 사실을 믿지 않는다 해도, 실제로 아무런 도발도 안 했는데 말벌이 침을 쏘는 일은 극히 드물다.

나는 어렸을 때 처음 말벌에 물렸는데, 그건 아주 우연하고도 예상치 못하게 다가온 고통이었다. 하필이면 목구멍, 정확히 말해 '목젖'에 물렸다. 캠핑 중에 말벌이 레모네이드에 빠졌다는 걸 모른 채 마셨다가 그런 봉변을 당했다. 다행히도 아버지는 의사여서 항히스타민제와 다양한 약들을 준비하셨다. 그 말벌은 내 목에 갇혀서 자신을 방어하려 했고, 놀랍게도 그 방어 메커니즘 때문에 살아남았다. 내 몸은 말벌에게 쏘인 후에 그놈을 밖으로 추방하려고 온갖 애를 다 썼기 때문이다. 그때가 살면서 가장 잊지 못하는 장면은 아니지만, 목격한 사람들에게는 확실히 재미있고 잊을 수 없는 순간이 되었다.

나는 열두 살이 되자 왠지 모르게 다 큰 것 같다는 느낌이 들었고, 여기저기 다니는 걸 너무 좋아했다. 그리고 여행하는 동안 야생동물들뿐만 아니라 예상치 못한 사람들도 많이 만났다. 주로 우리와 비슷한 부류의 모험가들 근처에서 야영했기 때문이다. 거기서 만난 사람 중에는 아주 유명한 볼레로 음악 작곡가이자 가수도 있었다. 물론 우리 모두 그를 좋아했지만, 특히 어머니가 열성 팬이었다. 가장 먼저 우고 형이 그를 알아보고 가족들에게 소식을 전해주었다. 그는 너무 흥분하며 "여기 옆에 아르만도 만사네로 Armando Manzanero[라틴 뮤직계의 거장인 멕시코 가수]가 있어!"라고 소리쳤다. 어머니는 너무 놀라며 믿기지 않는다는 듯 계속 "그가 직접 노래해야 믿을 수 있을 것 같아"라며 흥분하셨다. 그러자 대담한 성격의 우고 형은 그가 기타를 꺼내 노래해주길 바라며 곧바로 우리 식사 자리에 초대했다.

우리는 허접한 탁자와 부서지기 쉬운 작은 의자에 앉아 있는 월드 스타 옆에서 아주 많이 떨고 있었다. 근처 나무 그늘 밑 탁자에는 아버지가 준비한 얼음과 물, 설탕, 레몬즙이 섞인 거대한 병이 놓여 있었는데, 열대야 더위를 달랠 만한 완벽한 음료였다. 나는 작은 플라스틱 컵에 음료를 따라 사람들에게 나눠주고, 자리로 돌아와 내 것도 한 잔 따랐다. 하지만 그전에 우리의 용감무쌍한 말벌은 병 주둥이로 들어가면 달콤한 꿀물을 먹을 수 있다는 걸 알아챘다. 나는 컵에 음료를 따르면서도 말벌이 그 안에 들어 있을 거라곤 꿈에도 상상하지 못했다. 불행히도 말벌은 내가 음료수를 따를 차례쯤에 병 안으로 들어왔고, 우리가 초대한 스타 앞에서 마실 때 내 입안으로 들어왔다. 많은 상상력을 발휘하지 않아도 그 장면을 쉽게 예상할 수 있으리라. 그 순간 심한 기침과 함께 내 앞의 모든 사람에게 머리끝에서 발끝까지 레모네이드를 뿜었다. 하지만 그것도 성이 차지 않았는지 내 위와 폐는 한 번도 해본 적 없는 전체 조정 과정으로 들어갔다. 나는 아침 먹은 걸 다 토하는 동시에 엄청난 고통으로 비명을 질렀다. 이 얼마나 대단한 구경거리인가! 아버지는 역사상 가장 위대한 슈퍼 영웅처럼 예측할 수 없는 운명을 맞은 무고한 어린 희생자를 구해냈고, 형은 곤혹스러운 말벌을 집어들며 속삭였다. "불쌍한 것 같으니라고, 거의 먹히기 직전이었어!" 아버지는 그것을 집어 나무껍질에 올려두었다. 물론 그런 재난 앞에서 우리의 세계적인 초대 손님은 노래를 한 곡도 부르지 않는 건 물론이고, 음식도 먹지 않고 친절하게 인사하며 그 자리를 떠났다. 물론 그 사건 이후 수십 년 동안 나는 옆에 놓인 레모네이드를 마시는 게 얼마나 위험한 일인지, 그날 저녁을 망치지 않았다면 얼마나 멋진 시간을 보냈을지에 대해 계속 가족의 구박을 듣고 있다. 아, 정말 부끄럽다!

안 좋은 경험에도 불구하고 나는 평생 우리 집에 살았던 말벌들을 존중했고, 직접 대면했다가 물린 적은 없다. 종종 나를 물었던 건 다른 대안이 없었기 때문이다. 즉, 한 마리는 내가 마셨던 불행한 말벌이고, 다른 두 마리는 오토바이를 운전하는 동안 내 얼굴과 충돌한 녀석이다. 이런 어쩔 수 없는 경우를 빼고, 말벌 쏘임 '제로'라는 자랑스러운 기록을 유지하기 위해 그들을 피해서 두 번 이상 열심히 달린 적도 있다. 물론 경고 표시에 주의를 기울인 덕분이었다. 어떤 경고들은 고양이가 창밖에 있는 개에게 꼬리를 세우고 으르렁거리는 것처럼 해석하기가 쉽다. 그런 경고에도 불구하고 개가 계속 귀찮게 한다면 고양이는 [창밖으로 뛰어내려] 개 주둥이를 할퀼 것이다. 그러나 말벌들의 메시지는 훨씬 더 미묘할 때가 많아서, 명확하게 해석하려면 약간의 노력을 기울여야 한다.

혹시 미묘한 메시지에 어떤 것들이 있는지 궁금한가? 말벌의 몸통이 노란색이나 주황색으로 변하면 위험을 알리는 확실한 경고다. 그들은 평화롭고 직접적인 메시지를 통해 위험을 경고한다.

예를 들어 사람이 너무 가까이 다가오면 경계하는 경향이 있지만, 위험을 뜻하는 소음을 내거나 폭력적인 동작을 하지 않으면 절대 먼저 공격하지 않는다. 또한 물기 전에 사람들을 뒤로 물러서게 하려고 지면에 닿을 듯이 아슬아슬한 비행을 하기도 한다. 하지만 우리가 공격적으로 대응하면 불상사가 생긴다. 그 순간 말벌들은 자신들이 품었던 의심을 분명히 확인하고, 위협이 실제 상황임을 감지한다. 그리고 '도움이 필요해'라는 뜻으로 위협을 알리는 향기 메시지인 페로몬을 방출한다. 그리고 그 끈질긴 말벌은 우리를 쫓기 시작한다. 지난여름 나는 말벌들이 사는 삼나무 가지를 자르면서 내 이론을 확인했다. 물론 이 일에는 전기톱을 사용해야 했다. 누군가는 "밤에 나무를 자르고 말벌들을 죽여"라고 말했지만, 나는 그 제안을 단호히 거절했다. 세심하게 기계를 풀고 작동시킬 준비를 했고, 부드럽게 움직여 작업을 수행했으며, 모든 가지를 그들의 방해 없이 절단했다. 벌집에서 몇 센티미터 떨어져 있는 작은 가지들만 남았을 때, 빨갛고 노란 긴 막대를 이용해 손으로 자르기로 했다. 전기톱보다는 막대기를 이용할 때 더 세심한 주의를 기울였고, 그들은 상공을 날며 몇 번 더 상황을 조사하고는 긴장해서 벌집으로 돌아왔다. 결국 8일 후 삼나무를 다 잘라냈는데, 그 어떤 말벌과 인간도 다치지 않고 잘 끝낼 수 있었다. ……

고래를 관찰하는 동안

배에서 쉬고 있는

커다란 말벌.

솔직히 말하자면 〔막대기를 사용해 자르는 데는〕 딱 30분이 걸렸지만, 목구멍의 통증에 대한 기억이 떠올라 두려움은 실로 엄청났다.

우리가 소풍을 가거나 공원 또는 시원한 테라스에 있을 때면, 말벌과 꿀벌은 우리 음료수에 설탕이 든 것을 기가 막히게 알고 우쭐대며 컵 쪽으로 다가온다. 이럴 때 조심하지 않으면 그 안으로 들어올 때가 많다. 날개 달린 이 불쌍한 친구들은 우리 손을 물지 않고도 우리 손에 조용히 구출될 수 있다. 그들이 원하는 건 뭔가를 붙잡고 빠져나오는 것이기 때문이다. 마실 물을 찾아 수영장에 빠질 때도 마찬가지이다. 그저 냅킨이나 셔츠 소매 또는 손 위에 올려놓고 거기에 머물게 해야 한다. 그들이 다시 날기 전에 날개와 촉각을 말리게 해야 한다. 이때가 바로 어떤 위험도 없이 그들을 자세히 관찰할 수 있는 최적의 순간이다!

이유가 무엇이든 간에, 물리지 않으려면 지역에서 가장 흔한 말벌 종을 구별해 알고 있는 것이 가장 좋다. 대부분 전혀 해를 끼치지 않고 침을 쏘지 않기 때문이다! 그러나 크기와 위험에 관계없이 중요한 조언은, 기본적이고 간단한 규칙을 따르라는 것이다. 즉, 그들과 싸우지 말아야 한다! 여기에는 그들을 존중하고 거리를 유지하는 것이 포함된다.

지난여름 한 이웃이 나를 비난했다. 이유인즉슨 '말벌 수백 마리'가 몰려와서 내가 문 앞에 놓은 길고양이 물통의 물을 마실 거라는 거였다. 나는 '아무도' 지나가지 않을 거라고 생각한 곳에 그 물통을 놓아두었었다. 마침내 이 불쌍한 말벌들(내가 아주 잘 통제하고 있고, 모두 더해도 열 마리가 채 안 되는)은 덥고 건조한 지중해성 여름에 물 마실 곳을 찾았고, 나는 그들이 목을 축일 이런 장소를 찾았다는 게 매우 자랑스러웠다. 집을 나설 때마다 잠시 그들이 물에 빠지는 것을 꼼짝도 안 하고 바라보곤 했다. 용기 중앙에는 작은 돌을 놓아두어 물에 빠져 죽지 않게 도왔다. 그들은 몇 초간 물을 마신 후에 다시 가던 길을 갔다. 그러나 이웃집 사람은 말벌을 희생자들을 찾는 살인자로만 보았는데, 물어보니 특별한 이유는 없었다. 고발을 당한 후에는 이런 오해로 이웃과 전쟁이 일어날 수 있고, 내가 먹이를 준 고양이들도 피해를 볼 수 있다는 위험, 그리고 나도 모르게 말벌들이 사라지는 불상사를 막기 위해서 물과 먹이 그릇이 보이지 않도록 거리 아래쪽으로 옮겼고, 주변에 나무 막을 쳐놓았다. 운이 좋게도 우리 집에는 아름다운 테라스가 있었고, 시간이 흘러 이곳은 녹색 보호소와 같은 환경을 갖추게 되었다. 그래서 이전 것보다 세 배나 큰 또 다른 물통을 놓아두었다. 물론 중앙에 돌을 넣는 것도 잊지 않았다.

몇 달이 지난 후 좋은 일이 생겼다. 첫째로 다시는 아무도 이 일로 불평하지 않았다는 점, 둘째로는 그 이웃이 더 이상 우리를 비난하지 않았다는 점이다(고마운 일이다). 마지막으로 가장 중요한 일은 말벌들이 우리 테라스의 물그릇도 사용하고 있다는 점이다(정말 만족스럽다).

나는 최근 몇 달간 스페인에 퍼진 말벌 편집증이 정당한지 의문이 든다. 북부 지역에서 말벌에 쏘여 죽은 사건이 토종 말벌이 아닌 침략자인 등검은말벌*Vespa velutina* 때문이라는 뉴스에도 불구하고, 언론은 무조건 말벌이 생태계에 퍼지는 것을 경고했다. 비극적인 죽음은 희생자들 스스로 자신을 보호할 수 없었거나, 심하게 많이 쏘였거나, 벌침 알레르기 때문이었다. 하지만 안타깝게도 언론은 때때로 등검은말벌 종이 아닌 토착 말벌의 사진을 공개하며, 종과 상관없이 모든 말벌을 절대적으로 거부했다. 이렇듯 말벌은 그 자체로 나쁘다고 알려지면서 파괴당하고 무차별로 죽음을 맞고 있다.

전 세계 말벌 종류는 5000종 이상이지만, 스페인에는 162종만 있다. 그들 중 다수는 해를 끼치지 않고 침도 없다. 이런 끔찍한 침은 암컷만 있고, 실제로 침이 들어 있는 위치는 알을 낳는 기관이다. 몇 종만 그런 능력을 발전시켰는데도, 암컷의 숫자가 수컷보다 많아서 우리는 모두가 침을 쏜다고 느낀다. 또한 그들은 침을 방어 수단으로 사용하는 것 외에도 다른 곤충들과 거미들, 심지어 작은 뱀들을 움직이지 못하게 마비시키는 도구로 쓰기도 한다. 이들은 말벌과 말벌 유충에게 먹잇감이 된다. 따라서 말벌의 침은 자연계에서 매우 중요한 역할을 한다. 곤충과 거미류를 효과적으로 통제할 수 있기 때문이다. 포식자인 그들이 없으면 자연계는 통제할 수 없는 혼란이 가중될 것이다.

2억 년 넘게 진화하면서 일부 말벌은 다른 곤충의 생각을 통제할 수 있는 능력을 키울 수 있게 되었고, 이 곤충들은 말벌 유충의 살아 있는 식량이 되었다. 어떤 말벌은 너무 똑똑해서 외과적으로 아주 정확히 희생 곤충의 몸속에 하나 이상의 알을 낳는다. 계속 살려두긴 하지만 그 안에서 숙주의 행동을 마음대로 조종하고, 말벌 유충들은 숙주 속에서 조금씩 영양분을 섭취한다. 숙주는 말벌이 들어와 있는지 모르지만, 말벌은 그 안에서 자신을 보호하고 영양분을 공급받기 위해 숙주를 좀비 곤충으로 바꾸고 노예로 만든다. 또 다른 말벌은 일부 식물과 편리한 동맹을 형성하는데, 식물은 자신의 잎을 침략한 애벌레를 감지하면 곧바로 공중에 페로몬을 뿌려 말벌들에게 알려준다. 고도로 전문화된 식물들의 경우, 잎에 특정 말벌이 먹는 유충이 나타나면 정확히 그 말벌 종에게 그 사실을 알려줄 수도 있다.

참, 말벌이 중매쟁이 역할을 한다는 소리는 거의 들어보지 못했을 것이다. 하지만 그들은 개미와 함께 말벌의 첫 번째 혈통을 이어받은 후손인 꿀벌만큼이나 중요한 역할을 한다. 우리는 과일 안에 둥지를 짓는 작은 말벌 덕분에 열리는 무화과를 포함해, 그들 덕에 과일과 채소를 늘 먹을 수 있다. 따라서 슈퍼마켓에 끔찍하고 잔인한 말벌 미끼가 진열될 때마다, 그런 함정은 문제 해결에 전혀 도움이 안 되고 말벌뿐 아니라 과일나무에도 해를 끼친다는 사실을 깨달아야 한다. 그들을 죽이면 중매쟁이 일도 줄어들고, 잎을 먹어 치우는 해로운 벌레를 잡아먹는 이들도 사라지는 것이기 때문이다.

하지만 뭐니 뭐니 해도 말벌의 가장 뛰어난 능력은 공학 기술일 것이다. 그들은 건축과 단열의 진정한 전문가이기 때문이다.

그들의 일은 인간의 일과 견줄 만하다. 말벌집(모양은 흉하고 매력적이지 않다)은 실제로 말벌 수백 마리를 수용하도록 설계된 수학 방정식의 미로이다. 열과 추위를 매우 잘 막아주며, 놀랍도록 가볍고 저항력이 크다. 호리병벌아과 같이 외로운 생활을 선택한 많은 말벌 종도 있는데, 그들은 진흙과 타액을 사용해 신기하고 작은 동굴들을 만든 뒤 알과 유충이 자라게 한다. 일부 말벌은 땅 아래 은신처를 파는 걸 좋아하고, 또 어떤 이들은 지면 위에 사는 걸 좋아한다. 날개가 없어서 언뜻 보기에는 멋진 개미벌과처럼 보일 수도 있지만, 물리면 고통스럽다. '거미 개미'로 알려진 지중해 말벌 로니시아 바르바룰라Ronisia barbarula도 그런 종류이다. 따라서 그들을 만나면 만지지 말고 보기만 하는 게 낫다!

말벌을 인간 집단에 비유한다면, 하나만 선택하기는 어렵다. 그렇지만 우선 하나를 꼽자면, 아무도 감히 하지 않는 임무에 집중하는 고도로 전문화된 엘리트 집단이 있을 것 같다. 말벌의 좌우명은 "우리는 어떤 방식으로든 가장 위험한 작업을 가장 정밀하게 수행한다"가 될 것이다. 많은 국가가 이미 그들을 인공적으로 사육해서 천연 해충 조절제로 사용하고 있다. 만일 곤충이 세상을 구할 수 있다면 그 주인공은 분명 말벌일 것이다. 여러분 생각은 어떤가?

08

좀벌레

나의 우주를 조심히 닫아주길

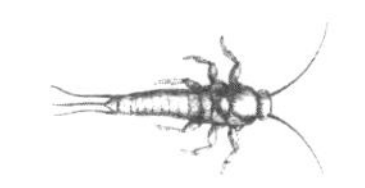

말벌 하나만으로도 매일 공포 이야기와 논픽션을 쓸 수 있는 충분한 주제를 얻을 것이다. 나는 그들의 수많은 비밀과 이상한 행동을 매일 발견하고 기록하기 때문이다. 이상한 습관들에 대해 생각하다 보니, 내 머릿속에서는 어렸을 때부터 가장 흥미를 끈 곤충 중 하나가 떠올랐고, 설명할 수 없는 생각들이 꼬리에 꼬리를 물기 시작했다. 보고 싶을 때마다 볼 수 있는 건 아니지만, 그들의 위대한 능력을 진작 알 수 있었다. 그들은 생생한 수수께끼와도 같다. "몸에 비늘이 있고, 나비는 아니며, 물고기처럼 움직이지만, 아무도 물고기로 부르지 않고 물속에 살지도 않는다. 과연 이들은 누굴까?" 텔레비전 퀴즈 대회에 나갈 만한 문제이다!

나는 지금 더도 덜도 아닌 '은어銀魚'(좀벌레) 또는 '양좀'이라고 불리는 이들에 관해서 이야기하고 있다. 그들은 특징과 습성에 따라 빳빳한 털 꼬리cola de cerdas, 돌좀목Archaeognatha, 좀류Thysanura, 얼룩좀Thermobia, 불꼬마firebrat, 물고기 나방fishmoth으로도 알려져 있는데, 전 세계의 약 1400종이 하나의 통속적인 이름으로 불린다. 그들의 모습은 모두 매우 다르지만 언뜻 보면 똑같아 보일 수 있다. 그래서 가장 널리 사용되는 이름인 '은어'라고 부를 것이다. 이런 비전문적인 분류 방법을 사용하는 것에 대해 돌좀목과 좀목Zygentoma의 분류학을 따르는, 지식이 풍부한 전문가들에게 진심으로 사과드린다.

이 작은 곤충은 2센티미터를 넘지 않는 갑각류이며, 당근 모양으로 생겨서 납작하다. 우리 시야에서 멀리 떨어져 살고, 숲의 썩어가는 낙엽 더미 아래 숨어 있거나 동굴 또는 개미집 안에서 편안하게 사는 것을 좋아하기 때문에 거의 존재감이 없다. 그러나 집 안의 습한 구석에 자리 잡고 우리 옆에서 살기로 마음먹은 몇몇 종도 있다. 그들은 책과 오래된 사진이나 벽지에 기이할 정도로 열정을 보이는데, 책 읽는 법과 예술 평가법 등을 배우며 눈부시게 발전하지 않을까 싶다. 물론 지금 당장은 아니지만 언젠가 우리를 깜짝 놀라게 할 것이다. 나는 이 기적적인 곤충에 관해 이야기하려 한다.

우리 주인공이 몇몇 사람들과 닮았다는 사실을 먼저 인정해야 할 것 같다. 그들의 비늘 덮인 피부 때문이 아니라 책에 대한 고급 취향 때문이다. 책을 순식간에 먹어 치우는가 싶으면 이미 다음 책을 먹고 있다. 개인적으로 나는, 할 일이 엄청나게 많은데도 오랫동안 매일 책을 읽는 불가사의한 능력이 있는 친구들이 감탄스럽다. 그런 친구 중 한 명인 알베르토는 자신의 독서 능력에 대한 비밀을 밝혔는데, 주로 밤잠을 줄여 책을 읽는다고 했다. 그러니까 엄청난 독서 능력은 불면증과 연관이 있었다. 우리 은어들은 어둠 속에서 뭔가를 공모하는 걸 좋아하는데, 침대 탁자에는 어떤 조명도 필요하지 않다. 그런데 왜 우리는 그들과 함께 살고 있다는 걸 잘 모를까? 분명 그들은 우리 책장에 꽂혀 있는 전집을 완전히 꿰고 있을 것이다. 물론 여기에는 펼쳐보는 빈도수와 아끼는 정도에 따라 서재의 맨 위쪽에 모아둔 책들도 다 포함된다.

이번 이야기는 시간을 돌이키며 풀어갈 것이다. 내가 최근에 이룬 성과에 관한 이야기이다. 우리 작은 친구들에게 '피해를 보았다'고 말하려는 게 아니다. 물론 당일에는 무척 화가 났지만, 그들의 아주 순수하고 짓궂은 장난을 바로 용서하고 끝냈다. 어쨌든 그들은 훌륭한 미각을 지닌 대식가들이기 때문에 유감은 전혀 없다.

몇 년 전, 나의 자연 보전 노력을 인정해준 소중한 상 중 하나인 '금장 참나무Roble de Oro' 상을 받아서 조심스럽게 보관해두었다. 상을 준 사람들(푸에르토바야르타의 유명한 식물원의 경영진)은 그 상 안에 자연의 본질을 담으려고 노력했다. 수제로 만든 자연 종이에 친환경 잉크로 인쇄했고, 황금색으로 칠한 넓은 참나무 잎을 그려 넣었다. 지금 생각해보면, 차라리 진짜 금으로 코팅하는 것이 더 자연스럽지 않았었나 싶다. 물론 내 상장에만 그렇게 하는 건 불공평하지만.

스페인으로 돌아오기 전, 어쨌든 나는 상을 신문으로 싸서 골판지 상자에 넣은 뒤 부모님 집의 따뜻하고 어두운 지하실에 보관했다. 그러다가 작년에 부모님 댁을 방문했을 때 다시 가져오기로 마음먹었다. 그런데 상자를 열었을 때, 유리 틀과 금박 잎, 그리고 회색 먼지만 남아 있는 걸 보고 깜짝 놀랐다. 물론 식물 섬유소 분해의 자연스러운 과정에서 비롯된 결과였지만, 그 장면을 본 나는 유명한 영화 〈나홀로 집에〉의 한 장면처럼 두 손을 얼굴에 갖다 대고 가장 순수한 모습으로 좌절감에 차 소리쳤다. 정말 너무 슬펐다! 환산할 수 없는 가치를 지닌 소중한 문서가 액자만 남았다니. 상자 속 나머지 내용물을 비우다가 아주 통통한 은어 가족인 좀벌레가 땅에 떨어지는 걸 목격했다. 내가 그들의 자연 뷔페를 발견한 것에 아주 놀란 듯했다. 그나마 다행한 일은, 미생물에 의해 무해한 물질로 분해될 수 있는 상을 받았다는 걸 증명할 수 있는 사진들이 몇 장 남아 있다는 것이다.

한편 부모님은 맹세코 밤새 소음이 들렸다고 주장하셨다. 비록 그런 이야기를 한 번도 들은 적이 없고, 심지어 관련 정보를 찾을 수도 없지만 말이다. 두 분 다 거의 똑같은 이야기를 들려주셨다. 그들이 어렸을 때는 벽에 걸린 오래된 그림 뒤에서 밤마다 뭔가 속삭이는 소리가 들렸는데, 그림을 떼어 보니 작은 은어 떼가 살고 있었다는 것이다. 물론 나는 그분들을 믿는다. 당시는 벽지가 매우 흔히 사용되었고, 고무풀 성분은 독성이 덜했기 때문에 이 작은 동물들이 그곳에서 건강하게 살았을 것이다. 상상컨대 그들은 먹기 좋은 장소들에 대한 정보를 서로 나누고, 진수성찬 앞에 모여 기쁨의 노래를 불렀을 것이다. 아무튼 그들의 속삭임을 목격했거나 들었던 사람을 알고 있다면 언제든지 나에게 연락해주길 바란다!

나비처럼 멋진 아름다움을 지닌 다른 곤충들과는 달리, 좀벌레는 좋은 평판을 얻지 못했다. 문학사 전체에 걸쳐 이야기와 우화 또는 소설이나 시에서도 그리 명성을 얻지 못했다. 아마 그런 안 좋은 대우에 대한 복수로 이 작은 애서가들은 장르나 저자에 상관없이 문학작품을 먹어 치우는 것 같다. '은어'는 그들에게 아주 잘 어울리는 이름이다. 새침하고 빨리 달아나는 동작이 수영하는 물고기와 비슷하기 때문이다. 특히 대부분은 작은 비늘로 완전히 덮여 있어 미끄럽고, 그 덕분에 포식자(예를 들어 거미)에게서 쉽게 벗어날 수 있다. 나비의 날개도 마찬가지인데, 만지면 쉽게 벗어나며 손가락에 미세한 가루를 남긴다. 나는 그 비늘을 현미경으로 처음 보고 놀랐다. 물고기의 비늘처럼 둥글지 않고 불규칙한 실루엣을 지닌 데이지의 꽃잎이 떠올랐기 때문이다. 몸에 고르게 붙어 있는 그 꽃잎 모양은 비둘기 머리에서 보이는 깃털과 같았다. 또한 은색이 가장 일반적이지만, 청동색이나 금색도 있고, 이런 색을 지닌 이들은 지중해 지역에서 좀 더 쉽게 볼 수 있다.

우리 집 내부로 들어오면 그들이 책과 책등 안쪽의 어두운 부분을 배회하는 모습을 볼 수 있다. 또 찬장과 욕실에서도 볼 수 있는데, 특히 습한 장소를 좋아하기 때문이다. 더 자세히 알고 싶다면 스페인 가정에서 가장 흔한 두 종을 조사하는 게 좋을 것 같다. 바로 양좀*Lepisma saccharina*과 좀*Ctenolepisma longicaudata*이다. 첫 번째는 토종이고 두 번째는 외래종인데, 가장 발견하기 쉬운 녀석들이다. 이 주제가 지루하다면 그들의 사진을 한번 살펴보고, 습한 곳에 사는 이 신비한 벌레들의 집을 찾아 집 안 가장 어둡고 아무도 가지 않은 미지의 장소로 탐험을 떠나보자. 하지만 제발 그들을 죽이지는 말자! 몸이 작아서 먹을 수 있는 종이나 설탕의 양은 정말 얼마 되지 않는다. 그리고 사는 5년 동안 30~50마리 정도의 자손만 생길 수 있다는 점을 고려해보면, 해충이 될 수 있다는 말은 크게 걱정하지 않아도 될 것 같다.

아마도 그들에 대한 가장 큰 과학적 호기심은 살아 있는 화석이라는 점이다. 곤충이 아직 날개가 없었을 때 지구상에 살았던 최초의 전형적인 모양과 특성을 유지하고 있기 때문이다. 날개가 없는 것 외에도, 이 곤충들은 생식에 원시적 특성이 있다. 번식 방법을 보면 암컷은 수컷이 두고 간 정액을 거두어들인다. 그 정액들은 얇은 천 같은 것으로 싸여 포장되어 있기 때문에, 암컷이 찾아내야 한다. 만일 수컷이 없거나 포장된 것을 찾지 못하면, 암컷은 '처녀생식'[난세포가 수정하지 않고 발육해 배를 형성하는 것]이라는 방법을 통해 자신을 복제한다. 이에 관한 생각을 조심스럽게 밝히자면, 두 가지 다 그리 기분 좋은 방법 같지는 않다. 사랑스러운 행동

책을 좋아하는 우리 집 좀벌레.

은 그 누구에게도 해가 되지 않기 때문이다.

식이요법과 관련해 말하자면, 그들은 우리가 가장 아끼는 책과 사진을 먹을 수 있다. 그리고 조부모님 집의 아주 오래된 벽지를 끔찍하게 망가뜨릴 수 있다는 사실을 알게 되면, 그들을 박멸하자는 과감한 결정을 내릴 수도 있다. 하지만 그들을 변호하는 입장에 있는 나는 그 폭식에 대해 비난하지 말아 달라고 간청한다. 그들을 사라지게 하려면 그 장소의 습기를 제거하거나 환기만 시켜도 충분하기 때문이다. 이 두 종을 제외한 나머지 종들은 숲의 유기물을 분해하는 데 전념하는 '재활용업자'로 볼 수 있다.

나는 유일하게 이 작은 책 먹깨비들을 기리는 내용을 발견했는데, 1998년 발렌시아[스페인 남동부 도시]의 작가 후안 호세 밀라스 Juan José Millás의 아름다운 문학적 표현 일부를 함께 나누고 싶다.

> …… 좀벌레는 깊은 바닷속 돌고래처럼 책 속에 살고 있다. …… 좀벌레는 모세가 홍해를 가르는 것처럼, 자신의 세상을 둘로 가르는 독자의 존재를 무시한다. …… 아마도 이 우주는 거대한 책에 지나지 않을 것이다. 누군가 그것을 열심히 읽는 동안 우리 좀벌레들은 구문법을 몰라도 책 속을 항해한다. 위대한 독자여, 이 글(혹은 기도문)을 읽다 지치면, 우리가 다치지 않도록 조심히 책을 닫아주길 바란다.

부디 그렇게 해주길.

09

도마뱀붙이

내일이 없는 것처럼 달리는 친구

잠깐만 기다리시라. 아직 집을 나설 시간이 아니다. 우선 한 걸음씩 걸으며 계속 주변을 살필 것이다. 때로는 고양이를, 때로는 사다리 쪽을 찾아보며 구석구석을 탐색하는데, 우리가 만나게 되는 것들은 정말 놀랍다. 포기하지 말고 계속 살펴보자. 우리가 사는 집에는 지중해처럼 더 좋은 기후에서 상상할 수 있는 것보다 더 많은 주민이 살고 있으니 절대 포기하지 말길 바란다.

외벽의 균열과 틈 사이, 또 부모님 집 벽에 매달려 있는 거대하고 오래된 그림들 뒤를 살펴보면, 곤충을 박멸하는 작지만 진짜 영웅이 있다. 보통 사람들은 잘 알지 못하지만, 매일 밤 그들은 바퀴벌레를 포함해 6~8개의 다리가 있는 바람직하지 못한 주민들이 집 안에 발붙이지 못하도록 하는 데 기꺼이 협조한다.

그들은 여름에 더 활동적이지만, 다른 계절에도 그곳에 있긴 있다. 깊은 동면 중이긴 하지만. 그들은 냉혈동물[외부의 온도 변화에 따라 체온이 변화하는 동물]이기 때문이다. 물론 이제는 '변온동물'이라고 부르는데, 이건 텔레비전 퀴즈쇼에 자주 등장하는 단어이다. 우리는 그들을 도마뱀붙이(살라망케사Salamanquesa)라고 부른다. 이름의 뜻에 담긴 모든 역사와 신비에 대해서는 텔레비전 다큐멘터리로도 만들 만하다. 이 책의 일부 주인공들처럼 이들도 환경과 인간에게 전혀 해를 끼치지 않고 유익하지만, 너무나 고통스러운 저주를 등에 짊어지고 살아가기 때문이다.

중세 시대 중반, 적어도 13세기부터 등장한 그들의 스페인어 이름에 담긴 중상모략에 관해서 이야기해보자. 악순환이 나타나는 곳에서 흔하게 벌어지는 일처럼, 달걀이 먼저인지 닭인 먼저인지 확실히 알 수는 없다. 이와 관련해서는 두 단어로 요약된다. 도롱뇽(살라망드라Salamandra)〔살라망드라는 뱀이나 도마뱀의 형태를 한 서양의 전설상 동물을 뜻하기도 함〕과 살라망카Salamanca〔스페인 서부에 있는 도시〕이다.

우리는 보통 도롱뇽에 대해 땅딸막한 도마뱀 모양의 양서류로 피부가 차갑고 비늘이 없으며, 밤에 나타나 신비하게 지하로 사라지는 존재로 알고 있다. 언뜻 보기만 해도 완벽하게 구별되지만, 놀랍게도 오늘날까지 사람들은 도마뱀붙이와 도롱뇽을 헷갈린다. 고대에는 도롱뇽과 도마뱀붙이를 둘 다 도롱뇽이라고 불렀다. 숲의 습한 낙엽 아래 사는 걸 좋아하든, 오래된 지붕 기와 아래로 지나다니는 걸 좋아하든 상관없이 말이다. 내가 직접 상담해본 건 아니지만, 그들은 중세부터 똑같은 죄책감을 느끼고 있었을 것이다. 자신들이 무슨 죄를 저질렀는지 궁금할 것이다. '악마의 동물', '밤과 불의 친구'로 보통 흑마술과 주술에 사용되었기 때문이다. 사람들은 도롱뇽과 도마뱀붙이가 모두 초자연적인 일을 할 수 있고, 불을 견디며, 불 안에서 쉼을 얻었다고 믿었다. 따라서 그들은 지옥 자체와 관련이 있었다. 우리의 작은 주인공이 벽과 천장을 걷거나 미끄러져 다니는 것에 대해 설명하는 또 다른 근거도 있다. 바로 그들이 악마가 만든 작품이라는 점이다!

이제 두 번째 단어 살라망카를 살펴보자. 단어의 기원은 불확실한데, 로마 지배 이전 고대 켈티베리안Celtiberian 역사의 장에서 사라졌다. 그런데 이 단어가 어떻게 도마뱀붙이의 역사 속으로 들어간 것일까? 1218년 살라망카에 최초의 스페인 대학이 설립되었기 때문이다. 갈수록 첩첩산중! 우선 중세 시대로 거슬러 올라가서, 두려움과 불분명한 믿음에 사로잡힌 사람들을 상상해보자. 새로 세워진 살라망카대학에서 의학, 신학, 음악 등 당시 사람들이 보기에 이상한 것들이 많이 연구되었다. 어떻게 보면 이해할 수 없었고, 어떻게 보면 적어도 많은 사람을 위한 것이었다. 따라서 그 도시에서 이 대학의 이름은 흑마술과 교령술에 연결되었다. 교령술은 시체를 점술과 마법에 사용하는 흑마술의 한 형태이다. 그렇기에 일상생활에서 이상한 일이 생기면 사람들은 도마뱀붙이(살라망케사)를 확인하고 조사하기 시작했다. 그럴 때 이 대학의 아름다운 벽을 타고 다니는 도마뱀붙이가 눈에 띄었다. 따라서 '살라망케사(도마뱀붙이)'라는 이름은 살라망카 도시와 직접적 관련이 있으며, 암흑 활동의 본부로 여겨지는 그 대학의 정체성을 부여해주었다.

이름을 둘러싼 신비한 역사 이야기가 많은데, 하나 더 듣고 싶은가? 스페인 카스티야와 레온의 남부 지역에서는 도마뱀붙이를 '대형 문고리'(알다본aldabón)라고 부르며, 다른 지역인 에스트레마두라Extremadura와 아라곤Aragon에서는 '얼굴로 튀어 오르기'(살타로스트로saltarrostro) 또는 '옷 망가뜨리기'(에스가라르로파스esgarrarropas)로 알려져 있다. 즉, 어떤 곳에서는 이해할 수 없는 존재이며, 또 어떤 곳에서는 문고리처럼 행동하고, 다른 곳에서는 얼굴로 튀어 오르는 동물이었으며, 또 다른 곳에서는 옷을 망가뜨리고 먹는 걸 좋아하는 존재였다. 이런 네 가지 예는 지역과 보는 방식에 따라 인간의 관찰력과 상상력이 다르다는 사실을 분명하게 보여준다.

우리 주인공들의 신비를 따라가다 보면 스페인에는 도마뱀붙이가 두 종류, 즉 벽도마뱀붙이Tarentola mauritanica와 지중해집도마뱀붙이Hemidactylus turcicus가 있는데, 남쪽 지방으로 갈수록 더 쉽게 볼 수 있다. 그들은 아프리카 북부 지역에서 들어온 종으로, 고대 이베리아 지역에서는 그 존재감이 사라졌지만, 지칠 줄 모르는 인간 여행자들과 늘 함께하고 있다. 이는 스페인에서만 벌어지는 일이 아니다. 도마뱀붙이과Gekkonidae는 세계화에 앞장선 선구자이다. 한 예로, 그들의 이름 중 하나가 불과 몇십 년 만에 전 세계적 인기를 얻었다. 바로 '게코Gecko, Geco'다. 이는 말레이반도 단어인 '게코Gekko'에서 유래했는데, 이들이 내는 많은 소리 중 하나를 묘사한 단어다.

전 세계에 존재하는 수많은 파충류 중에서 소리를 낼 줄 아는 유일한 종이 바로 도마뱀붙이로, 의사소통을 할 때 이런 소리를 사용한다. 상상해보자면 이런 말을 할 것 같다. "이봐, 여기서 나

가. 여기 내 땅이야." 또는 "이리 와봐, 짝짓기 할 준비가 되어 있다고." 비록 스페인 종은 말이 많지 않지만, 발정기에 들어가면 상황이 바뀐다. 자신이 원하는 것을 상대방에게 이해시켜야 하기 때문이다. 다른 지역에는 동남아시아의 전형적인 도마뱀붙이인 집도마뱀붙이Hemidactylus frenatus처럼 시끄러운 종도 있다.

그들을 처음 보았을 때는, 출생지와 행동을 잘 알지 못해서 그 움직임과 소리가 신선하고 매력적으로 다가왔다. 비록 아시아가 아닌 멕시코의 태평양 연안 작은 마을에서 알게 되었지만 말이다. 그들은 수백 년 전에 누에바에스파냐Nueva España[스페인 통치 기간에 불렸던 멕시코의 이름]가 아시아 국가들과 무역하던 때 그곳에 도착했다. 사람들은 그들을 '베수코나besucona'['반복해서 입 맞추는 사람'이라는 뜻]라고 불렀는데, 그들이 내는 소리가 짧고 빠르게 계속 키스할 때 내는 소리와 매우 비슷했기 때문에 그리 놀랄 만한 이름은 아니었다. 이 해안 지역은 기후 덕분에 곤충들이 압도적으로 많다. 사방에, 그러니까 모든 집, 모든 건물, 모든 가로등에 그들이 있다. 어두워지기 시작하면 곤충을 끌어들이는 조명 주위에서 파리, 잠자리, 귀뚜라미, 나비, 딱정벌레 같은 다양한 곤충들이 이미 수십 년째 모임을 열고 있다. 도마뱀붙이는 작지만 치열하게 자기 영토를 지키기 때문에 같은 성별의 회원들과 계속 싸움을 벌인다. 그러나 모두 각자의 먹을거리가 있어서 식사 시간이 되면 분쟁을 잠시 멈추고, 작지만 빠르고 정확한 점프를 통해 사냥감들을 잡는 데 전념한다.

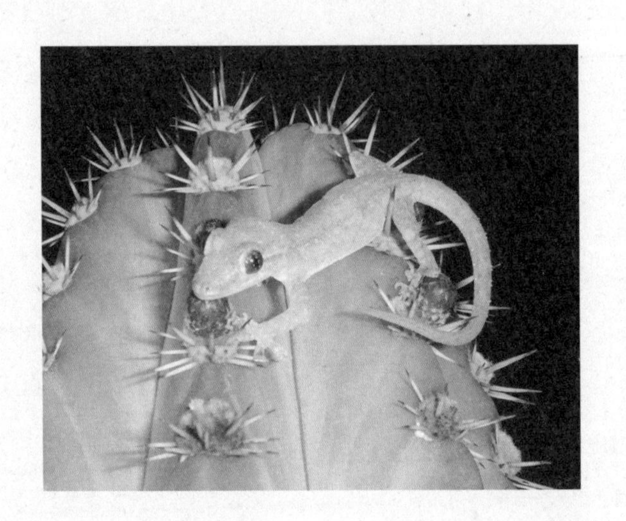

선인장 위에서
벌레들을 잡고 있는
도마뱀붙이.

낮에는 그들을 볼 수 없지만, 벽에 걸린 그림을 들어 올리면 쉽게 발견할 수 있다. 이런 일이 벌어지면 마치 내일이 없는 것처럼 지붕과 벽을 따라 재빨리 달린다. 그들에게는 중력의 힘이 닿지 않는다. 모든 전문 등반가들은 그런 기술을 얻을 수 있다면 필요한 모든 것을 다 바칠 것이다. 그들의 손가락은 매우 전문화되어 문자 그대로 어떤 표면에도 붙을 수 있다. 이 능력은 '판데르발스 힘'〔중성인 분자 사이에서 작용하는 약한 인력〕에 의해 과학적으로 설명되지만, 비밀은 손가락 안에 들어 있다는 것만 알아도 충분하다. 그들의 손바닥은 분자 수준에서 강력한 인력을 생성할 수 있는 '나노털'이라는 수백만 개의 미세하고 오목한 구조로 되어 있다.

신기한 점 중 하나는, 적어도 아시아 종에서는 누가 수컷이고 암컷인지 바로 알아챌 수 있다는 사실이다. 그들의 피부는 매우 얇고 창백해서 갈비뼈와 내장을 훤히 볼 수 있을 정도로 투명하다. 암컷의 경우는 일 년 내내 번식하므로, 배 안에 타원형으로 된 두 개의 흰색 알이 보인다. 그들은 이 알들을 보통 가구들 안에 숨겨놓곤 한다. 이 불쌍한 작은 알들이 내 양말 속에 붙어 있었는데, 나의 불쌍한 두 발은 의도치 않게 그것들을 밟아 뭉갤 수밖에 없었다.

은어의 짝짓기가 얼마나 지루했는지 기억하는가? 이 불행한 키스쟁이들도 진화가 매우 덜 이루어졌다. 고양이와 마찬가지로, 수컷은 암컷에게 뛰어올라 목을 물어서 꼼짝 못 하게 한다. 만족스럽다고 표현할 틈도 주지 않으려는 것 같다. 일반적으로 암컷과 수컷의 수가 충분하지만, 번식할 수 있는 수컷이 없는 경우를 대비해 암컷은 정자를 8개월 동안 보관할 수도 있다. 만약 일정 기간이 지난 후에도 수컷을 찾을 수 없으면 자기 복제를 통해 번식한다. 그들에게 이건 평범한 대비책이다!

그렇다. 그들은 조금 못생겼을 수도 있고, 혀로 눈을 닦는 모습이 혐오감을 줄 수도 있다. 그러나 그들의 외모와 희끄무레한 눈을 넘어 우리는 그들이 정말로 놀라운 동물이라는 사실을 깨달아야 한다. 그들에 대해 하는 말들은 신경 쓰지 말길 바란다. 독이 없고, 만지면 대머리가 되는 것도 아니며, 우리 위로 떨어진다고 피부가 더럽혀지는 것도, 화상을 입는 것도 아니며, 지옥에서 왔다는 것은 더더욱 말도 안 된다. 그들은 단순히 우리와 함께 살도록 적응한 동물이며, 집에서 보호하면 살충제(이것이야말로 독성이 있고 위험하다)가 필요하지 않을 수도 있다. 따라서 여러분도 이미 알고 있다. '도마뱀붙이가 영원하리!'라는 걸.

10

파리

다리 끝으로도 맛보는 미식가

단 것이라면 사족을 못 쓰는
꿀벌처럼 일하지도 않는
나비처럼 빛나지 않는
조그맣고 소동을 일으키는
오랜 친구들이여,
너희는 모든 것을 생각나게 한다.

안토니오 마차도Antonio Machado는 유명한 시 〈파리들Las moscas〉(1907)에서 거의 아무도 중요하게 여기지 않는 이 곤충들에게 애정을 표현했다. '거의'라고 말하는 이유는, 값을 매길 수 없을 정도로 높이 평가한 그 시인과 나 같은 사람들도 더러 있어서다. 나는 성가신 침실 침입자이자 불편한 인생의 파트너인 그들에게 감탄한다.

파리에 관해 이야기하기 전에 먼저 분명히 말해둘 것이 있다. 나는 그들의 놀라운 신체적 특징이나 나쁜 점에 초점을 맞추지는 않을 것이다. 그들의 삶만큼이나 다양한 명성을 얻은, 재미있고 놀라우며 많은 호기심을 불러일으키는 문학적 측면에 관해 이야기하려 한다. 이 넓은 세상에는 우리가 상상하는 것보다 훨씬 많은 파리가 있을 뿐만 아니라, 그들이 우리를 위해 꽤 많은 일을 한다는 사실을 기록으로 남기고자 한다. 서론은 이 정도로 하면 될 것 같다. 나는 지구상에 있는 이 존재들에게 호의적인 몇 줄을 바치는 것이 아주 옳은 일이라고 생각한다.

파리는 우리 주변에 아주 많고, 그 크기와 모양, 색상도 다양하다. 하지만 그들이 (죽은 어린 파리처럼) 변변찮든 (피곤하게 하는 어른 파리처럼) 정말 귀찮게 하든 상관없이, 우리는 그들의 무례한 성격만 기억한다. 그중에는 못생긴 파리도 있고 예쁜 파리도 있지만, 종류가 너무 많아서 열정적인 파리 수집가만이 그런 특징을 구분하고 평가할 수 있다. 그들은 단연코 역사상 가장 유명한 곤충이다. 시대와 문화, 언어를 넘어 수많은 격언, 시, 소설, 그림, 전래 동화에 나타났기 때문이다. 또한 유명한 영화 〈플라이The Fly〉(1958년 작품으로 1986년에 리메이크됨)처럼, 위대한 배우들이 부러워할 만한 주인공으로 수많은 영화에도 출연했다.

나는 "학자들의 귀 뒤에 있는 파리"('의심을 품고 있다', '경계하고 있다', '마음을 쓰고 있다'라는 뜻의 격언)라는 표현처럼, 파리가 우리의 지적·철학적·문학적 톱니바퀴를 작동시키는 데 필요한 윤활유라고 생각한다. 과테말라 작가 아우구스토 몬테로소Augusto Monterroso는 사랑과 죽음, 파리가 항상 문학 속에 있다고 말했고, 이미 여러 이야기를 통해 증명했으며, 그렇게 못생긴 건 아니라고 주장하기도 했다.

과연 이 날개 달린 존재가 세상에서 가장 영감을 주는 곤충이라고 말할 수 있을까? 아마도 스페인의 초현실주의 화가 살바도르 달리Salvador Dalí가 이 질문에 대답할 만한 좋은 사례를 제공한 것 같다. 언젠가 그는 그림을 그리다가 만족스러움에 침을 흘렸고, 파리가 자신의 입속으로 들어오길 기다리고 있었다고 말했다. 그는 콧수염 끝에 앉은 파리를 자세히 그릴 정도로 충분한 영감을 얻었다.

분명 지금까지 여러분은 전형적인 집파리만 생각했을 것이다. 집 안으로 들어와서 음식 위에 내려앉고, 통과할 수 있을 것처럼 유리창을 지나가다 심하게 부딪히는 파리 말이다. 마케팅 전문가들이 자주 쓰는 말처럼 한번 글로벌하게 생각해보자. 우리가 생각하는 것보다 많은 파리 종들은 장점이 있는데, 생각 속에서는 몇 마리만 날아다니기 때문에 잘 모를 뿐이다. 세상에는 공식적으로 '파리목'으로 알려진 12만 종의 엄청난 파리가 있다. 예를 들어 이들 중에는 파리매robber fly(포획물을 먹는 동안 한쪽 다리로 매달리는 것을 좋아하는 숙련된 곤충 사냥꾼)와 벌파리와 말벌파리(아름다워서 벌, 말벌과 헷갈림), 등에(보통 가축이 있는 곳에 살고, 물어서 고통을 줌), 끔찍한 흡혈귀 모기를 닮은 파리(우리의 여름 악몽), 무시무시하게 윙윙거리는 파리(우리 피부 아래에 유충을 낳음), 검정 병정 파리black soldier fly(많은 사람이 미래의 음식으로 여김)를 비롯해 식습관이 불쾌하고 이해가 안 될 정도로 아주 이상한 종들도 많다.

상상하기 어렵겠지만, 이러한 편만한 벌레는 우리가 좋아하든 아니든 이 세상을 굴러가게 하는 데 꼭 필요하므로 손해보다 이점이 많다. 비록 우리에게 주는 피해(질병 전염과 같은)는 상당하지만, 그들은 조류와 양서류 또는 박쥐와 같은 무수한 동물의 음식 공급원 중 하나이기도 하다. 또한 (꿀벌, 말벌, 개미와 함께) 꽃을 수분시키고 작물 해충을 죽이며 물을 정화하고 잡초를 방제한다. 물론 그들은 죽은 나무부터 배설물과 시체에 이르기까지 유기물이 포함된 모든 것을 재활용한다.

그러나 파리에 대해 강조해야 할 점이 있는데, 절대 만족할 줄 모르는 존재라는 점이다. 마치 다음에 무슨 짓궂은 장난을 할까 궁리하는 듯 항상 다리를 문지르는 것도 그 이유일 것이다. 앗, 내가 방금 '짓궂은 장난'이라고 말했나? 실수. 그저 과학적 업적을 이야기하고 싶었을 뿐이다. 모든 곤충이 'Parastratiosphecomyia stratiosphecomyioides'(동애등엣과 파리)처럼 가장 길거나 'Prolasioptera aeschynanthusperottetti'처럼 복잡한 학명을 과시할 수 있는 건 아니기 때문이다. 그들은 또한 1947년 우주여행을 갔다가 살아서 돌아온 최초의 생명체라고 자랑할 수 있으며, 현재까지는 유일하게 국제우주정거장에 실험실도 있다. 아인슈타인은 상대성 이론의 원리를 설명하기 위해 파리를 사용했지만, 그보다 뛰어나고 자랑할 만한 점은 파리가 거의 100년 동안 가장 중요한 과학 연구의 주인공을 맡았다는 사실이다. 여섯 번이나 노벨상을 수상하고 아스투리아스 공상[스페인에서 해마다 예술 등 총 9개 부문에 걸쳐 수상자를 발표하는 권위 있는 상]을 받을 만했다. 이 얼마나 대단한 이력인가!

놀라운 과학적 특징에 관해 이야기하기 전에, 그들을 바라보는 방식을 바꿔놓을 만한 흥미로운 사실을 알려줄 것이다. 그들은 맛을 입으로만 보는 게 아니라 다리 끝으로도 본다. 그래서 점심시간에 우리 식탁을 걸어 다니며 음식이 달콤한지 쓴지 바로 알아챈다. 반면 그들의 눈은 곤충 세계에서 가장 복잡한 것으로 유명한데, 주변 시야peripheral vision〔시선의 바로 바깥쪽 범위〕를 볼 수 있도록 여러 개의 개별 렌즈로 구성되어 있다. 하지만 이게 다가 아니다. 몸 전체가 압력에 민감한 작은 털로 덮여 있어 잠재적 위협이 어디에서 올지 정확하게 감지할 수 있다. 예를 들어 전속력으로 날아오는 슬리퍼 같은 위험을 곧바로 감지할 수 있다. 시력과 지각 특성의 조합으로 탈출 경로를 계획할 수 있고, 탈출을 시도하기 위해 다리 위치를 200밀리초 만에 조정할 수도 있다. 우리가 알아채기 훨씬 전에 그 불가사의한 탈출을 감행한다.

아마 탈출하는 것을 본다면, 공중에서 조종할 수 있는 그들의 위대한 능력을 알게 될 것이다. 비밀은 날개 모양에 있는데, 이는 항공 엔지니어에게 끊임없이 영감을 준다. 그들에게는 두 쌍의 날개가 있지만, 우리는 그중 한 쌍만 볼 수 있다. 다른 한 쌍은 너무 작아서 맨눈으로는 구별하기가 어렵다. 평균곤〔파리목에게 있는 것으로, 앞날개 뒤에 뒷날개가 퇴화해 생긴 곤봉 모양의 돌기가 몸의 평행을 유지하는 역할을 함〕이라 불리는 효율적인 비행 안정화 기관으로 변했기 때문이다. 날개가 움직이는 모습(위에서 아래로)을 상상해보면, 이들은 직선으로 날 수 없는 나비들처럼 몸의 나머지 부분과 반대 방향으로 움직인다. 그들은 평균곤을 반대 방향으로 움직여 몸을 안정시키고 고정한다. 우리 인간도 평균곤이 있다. 어떻게 작동하는지 보고 싶다면, 팔을 움직이지 않은 채로 빨리 걷거나 달릴 때 무슨 일이 벌어지는지 살펴보길 바란다. 만일을 대비해 헬멧을 착용하는 것을 잊지 말고.

우리는 그들에게 중요한 점을 배울 수 있다. 인간과 파리가 그렇게 다르지 않은데, 24시간 생체리듬(수면 주기)이 비슷해서 분명 많은 것을 가르쳐준다. 혹시 우리 유전인자가 과일 파리(노랑초파리)와 60퍼센트 이상 일치한다는 사실을 알고 있는가? 이건 우리에게 나쁘기는커녕 오히려 그 반대이다. 파킨슨병, 다운증후군, 알츠하이머병, 자폐증, 당뇨병, 또는 모든 종류의 암과 같은 질병을 유발하는 유전자가 작고 무해한 파리의 것과 똑같다는 뜻이기 때문이다. 이 익명의 주인공들 덕분에 이런 발견이 신속하게 이루어질 수 있다. 생식 주기가 10일밖에 걸리지 않기 때문이다. 그러니 저명한 영국의 유전학자 스티브 존스Steve Jones가 그들이 과학자들을 돕기 위해 태어난 존재라고 생각하는 것은 그리 놀랄 일이 아니다.

학명이 '드로소필라 멜라노가스터Drosophila melanogaster'인 노랑초파리의 경력은 어느 면에서 생물학 동료들과 충분히 견줄 만하다. 나는 분자 생물 해석 능력이 형편없었기 때문에 실험실에서 교수님을 도우며 그 과목을 통과할 수 있는 두 번째(세 번째였나) 기회를 얻었는데, 내겐 큰 행운이었다. 그 당시 연구실에서 멋진 붉은 눈을 가진 작은 파리들을 연구했는데, 그들의 세상은 작은 시험관으로 제한되었다. 그 성스러운 초파리들은 부담스러운 유전물질인 아데닌과 티아민, 사이토카인, 구아닌뿐 아니라 내가 절대 이해하지 못할 정도로 매우 긴밀하게 연결된 우라실uracil과 수소로부터 나를 해방시켜주었다.

그래서 장장 한 달 동안 변이 파리의 수를 세고 분류하는 일에 집중했다. 예를 들어 눈의 색과 날개 종류 또는 복부의 모양 등으로 분류했다. 며칠 내내 나는 현미경으로 본 것을 계산하는 데 특화된 효율적인 로봇으로 변했고, 내 두뇌 회로들은 여전히 내가 만드는 것에 대한 기본 근거들을 이해하지 못했다고 계속 알려왔다. 누군가가 그 프로젝트의 목적이 무엇이냐고 묻는다면, 뭐라고 대답해야 할지 모르겠다. 불멸이나 다른 말도 안 되는 것과 관련이 있어 보이긴 하지만 말이다. 부탁하건대 내 생각에 동의하지 않는다고 나를 비난하지 말아주길 바란다. 비록 유전학에 대해선 잘 모르지만, 그 과목을 통과하긴 했다.

그들이 인류에게 성가신 존재인 것은 사실이지만, 공룡을 비롯해 이미 멸종된 모든 동물에게도 성가신 존재였고, 지금 여기에서도 여전히 우리 애를 먹이고 있다. 심사숙고해서 인정할 일이긴 하지만, 그들이 이 지구에 약 3억 년 동안 살아왔다면 분명 뭔가 좋은 일도 할 것이다. 그렇지 않을까? 하지만 왜 그렇게 좋은 일도 할 수 있는 걸까? 비위생적인 생활 방식 때문에 수백 가지 질병을 옮기는 매개체이긴 하지만, 동시에 매우 건강한 동물이기 때문이다. 그 이유는 DNA에 숨겨져 있다. 놀라운 면역력을 갖게 해주는 특별 유전자가 있기 때문이다. 그리고 인간은 자신이 멸시하는 불쾌한 파리 덕분에 새로운 백신을 만드는 시도를 할 수 있다. 놀랍지 않은가? 그리고 그들은 무엇을 먹든 항상 기분이 좋다!

시체 먹는 걸 좋아하는 파리에 관해 이야기하자면, 우리가 만날 수 있는 가장 불쾌한 쉬파리 세 마리에 관해 재미있는 이야기를 들려주고 싶다. 그들은 청색이나 녹색, 회색빛을 띠고 있으며 땅딸막하고 썩은 고기를 좋아하지만, 부패 정도에 따라 각자 선호하는 바가 다르다. 그들은 후각이 뛰어나서 순식간에 음식을 감지할 수 있다. 가장 섬세한 미각을 지닌 회색빛 파리는 신선한 음식만 선호한다. 이건 내가 개를 데리고 들판을 걷다가 정확히 확인한 사실이다. 개가 작은 볼일을 보는 순간, 이미 파리가 그 위에 앉아 있었다.

이제 이야기할 내용은 농담처럼 들릴 수도 있겠지만, 분명 실화이다. 한 의사와 인체 골격, 옥상에서 일하던 벽돌공이 등장하는 이야기로, 오래전 우리 집 지붕에서 일어났던 일이다. 아버지는 외과 의사로서 훌륭한 활동을 많이 했는데, 1963년부터 퇴직할 때까지 수많은 의대생을 가르친 교수님이기도 했다. 의대생이 신경, 근육, 장기 위치를 파악하기 위해 해부 기술을 연습하는 데 필요한 것이 무엇일까? 바로 시체들이다. 물론 주변에서 시체를 구하기는 쉽지 않고, 마법 같은 기술로 모형을 만드는 건 더더욱 어렵다. 그 당시에 적법한 방법은 신원 미상의 시체를 구하는 것이었다. 과학을 위한 신체 기증을 통해, 또는 신원 미상으로 임시묘지에 안장된 후 5년이 지나면 얻을 수 있었다. 사망한 지 얼마 안 되는 사체는 순환계를 통해 포름알데히드로 처리된 후, 포름알데히드로 채워진 거대한 통에 담겨 과학의 이름으로 사용될 차례를 기다리게 된다.

아버지는 그런 요청을 할 수 있는 특권이 있었다. 나는 어린 시절에 아버지의 서재 서랍 속에서 고대 발굴로 얻은 인간의 두개골을 보았다. 사람들은 그 안에 든 파리 유충을 포함한 모든 자연 성분을 아주 세밀히 제거했다. 또 하나는 화학약품으로 처리된 시체들과 관련이 있는데, 그것들은 지구상의 그 어떤 파리에게도 먹음직스럽지 않았을 것이다. 여러 해 동안 교사들, 학생들과 수많은 시간을 보낸 후, 더는 도움이 되지 않을 때 화장된다. 어느 날 아버지는 소각장에서 건진 해골과 골반을 가지고 집으로 왔다. 그 뼈들은 몇 주 후 열릴 세미나에서 사용될 예정이었는데, 조직의 잔해가 여전히 붙어 있는 상태였다.

뼈를 훼손하지 않고 조직의 잔해를 제거하기 위해 아버지는 옥상에 있는 거대한 가마솥에 그것을 넣고 끓였다. 남아 있는 이물질을 제거하기 위해 며칠 동안 이 일을 반복했다. 그런 다음 비석처럼 보이는 거대한 토기 위에 올려놓고, 햇빛에 말리면서 모기들이 그 지저분한 작업을 할 수 있게 해주었다. 일주일이 지난 후, 아버지는 뼈를 그곳에 둔 것을 깜빡 잊었다. 주택 개조 때문에 우리 집에 온 미장이가 보게 되는 건 시간문제였다. 그 일을 맡았던 실비아노 아저씨는 내가 어렸을 때부터 우리 집 일을 해오셨기 때문에 아버지를 잘 알았고 완전히 신뢰하셨지만, 함께 일하는 조수들은 그렇지 않았다. 그날 실비아노는 토마스라는 조수에게 아버지가 뼈를 놓아둔 곳에 있는 벽돌들을 가져오라고 시켰다. 물론 그 근처에는 또 다른 뼈들도 보관되어 있었다. 그때 아버지는 공사현장을 살펴보고 있었는데, 토마스가 흰색 벽처럼 창백하고 일그러진 얼굴로 나타났다. 그는 큰 눈과 떨리는 목소리로 실비아노에게 이렇게 속삭였다. "저기, 사장님, 이 집 지붕에 죽은 사람이 숨겨져 있어요!" 그의 옆에 있던 아버지는 특유의 진지한 표정으로 이렇게 대답했다. "그 사람 최근에 우리 집에 왔었는데, 자기 일을 잘하지 않았던 미장이었어요. 더는 말하지 않겠습니다." 웃음과 그 이후의 설명에도 불구하고, 토마스는 혹시 모른다며 우리 집에 다시는 가고 싶지 않아 했다고 한다.

3주가 지나자 뼈들은 완벽하게 깨끗해졌고, 이후 니스칠까지 해서 세미나에 전시할 준비를 마쳤다. 그때 나는 과학에 크게 이바지하는 파리의 또 다른 공로에 대해 알게 되었다. 당시 파리들은 아버지의 뼈 청소 작업을 도왔을 뿐이지만, 법의학계에서 그들은 매우 중요한 존재이다. 유충 모양의 애벌레가 13세기부터 수많은 범죄를 해결하는 데 도움을 주었기 때문이다.

그건 그렇고, 좀 더 깨끗한 주제로 돌아가보자. 어느 날 나는 식당에서 음식을 먹으려다가 웨이터를 불렀다. 예상치 못한 일이었지만, 내 야채 그라탱 접시에 떨어진 불행한 파리에 대한 재미있는 대화였다. 불행히도 녀석은 그 안에서 죽어 있었다. 그 맛없는 치즈에 질식을 당한 것인지, 아니면 확실한 독살 위험에서 나를 구하기 위해 자신의 덧없는 삶을 바친 것인지 모르겠지만. 나는 웨이터에게 "세상에서 가장 성가시고, 참을 수 없고, 혐오감을 주는 존재가 누구일까요?"라고 질문했다. 우리가 처한 상황을 고려할 때, 암묵적으로 "파리"라고 대답해주길 내심 기대했다. 그러나 놀랍게도 그의 입에선 다른 대답이 나왔다. 그는 눈도 깜박하지 않고 "제 이웃들이요!"라고 대답했다. 우리가 박장대소를 하는 동안, 자리에 함께 있던 내 친구는 그에게 "아마 그 대답은 세무조사관이 해줄 수 있을 거예요"라고 말했고, 주변 테이블에서 식사를 하던 사람들은 우리를 두려워하는 눈빛으로 쳐다보았다.

웨이터의 대답을 조금만 더 생각해보면, 사람마다 각기 다른 의미로 질문을 받아들인다는 것을 알 수 있을 것이다. 그리고 파리에 대해 알면 알수록 그 남자의 대답이 정답이라는 생각이 든다. 어떤 사람들은 '신문 몽둥이'로 파리 한 마리를 없애고 싶어 하지만, 어떤 사람들은 다른 사람의 목덜미를 내리치는 데 사용하고 싶어 한다.

모든 파리는 반박할 수 없는 놀라운 능력이 있다. 즉, 그들은 세상에서 가장 조용하고 안정적인 사람마저도 미치게 만들 수 있다! 우리는 파리가 주변에 나타나면 마치 옆에 아무도 없는 것처럼 아주 사납고 도전적으로 변하는데, 그들이 인간에게 일으키는 각종 심리적 반응을 묶어 논문으로 쓸 수 있을 정도다. 아마도 이 땅에서 그들의 임무는 아무도 먹고 싶지 않아 하는 음식을 먹는 일뿐 아니라, 우리를 성가시게 하는 행동을 통해 우리가 아무리 노력해도 모든 상황을 통제할 수 없는 존재임을 끊임없이 상기시키는 일일 것이다. 분명 그들은 겸손에 관해 훌륭한 교훈을 들려준다.

멕시코의 아름다운 아열대숲에 잠깐 살았을 때, 지구상에서 가장 거대한 파리 종의 절반 크기에 불과했지만, 그때까지 본 것 중 가장 큰 파리들이 사는 장소를 예기치 않게 방문하게 되었다. 일반적인 집파리보다 약 4배 큰 2.5센티미터 정도 크기였다. 다리는 길고 털로 덮여 있었으며, 머리는 커다란 황금빛이었고, 그 안에 빨간 눈이 돋보였다. 녀석은 요란한 소리를 내며 내 방에 들어왔고, 탈출하려고 창문 모기장에 계속 몸을 부딪쳤다. 비록 매우 크긴 했지만, 도망칠 생각이 없었는지 손으로 쉽게 잡을 수 있었다.

내가 잡을 수 있게 가만히 있어준 커다란 파리 톤토론.

나는 '사진을 찍을 좋은 기회군' 하고 생각하며, 놓아주기 전에 새로 결혼한 커플도 부러워할 만한 근사한 앨범을 만들어주었다. 나는 녀석을 너무나 좋아해서 '톤토론Tontolón'(바보탱이)이라는 애칭까지 붙여주었다.

그러나 모든 경험이 이처럼 즐거운 것만은 아니었다. 수년 동안 여름과 가을에는 알에서 부화해 바다로 나간 바다거북의 둥지를 청소하는 일에 많은 시간을 보냈는데, 매일 수천 마리의 파리 유충을 처리해야 했다. 거의 반 미터 깊이에 묻힌 바다거북의 부패한 알도 찾을 수 있는 파리의 능력에 놀라지 않을 수가 없었다. 구더기가 어떻게 거기까지 도착했는지 도저히 이해할 수가 없었다. 그 수수께끼를 뒤로 미루고, 맨손으로 바닥을 깊게 파다가 갑자기 손가락에 따뜻하고 부드러운 젤리 같은 물질이 닿는 것을 느꼈다. 한때는 살아 있던 바다거북이나 알이었는데, 그 속에 구더기 수백 마리가 꿈틀거리고 있었다. 그나마 라텍스 장갑을 끼고 작업을 시작한 게 불행 중 다행이었다.

2010년 마르는 내가 이끄는 프로젝트의 아름답고 열정적인 자원봉사자로 내 세상에 나타났다. 그녀는 세계의 모든 바다거북을 구할 만반의 준비가 된 사람이었다. 바다거북과의 인연으로 2년 후에 결혼하게 될 것이라고 누가 상상이나 했을까. 재치 있는 그녀는 사람들에게 "거북이들 때문에 멕시코에 갔는데, 거북맨을 얻게 되었지 뭐야!"라고 말하곤 한다. 그녀가 도착한 지 얼마 되지 않아 허리케인이 닥쳤고 몸은 피곤해서 죽을 것 같았지만, 그녀는 아랑곳하지 않고 매일 밤 새벽까지 나와 함께 시간을 보냈다. 그 밤에 우리는 부화하고 있는 수십 개의 둥지를 돌봤으며, 많은 사람들과 함께 둥지 바닥에 갇힌 새끼 거북들을 찾고 있었다. 작은 전등을 하나는 손에, 하나는 머리에 붙인 채 가능한 한 빨리 손으로 둥지들을 파보았다. 갑자기 마르는 이상한 형태로 움직이는 새끼 거북을 꺼냈다. "오스카아아아아! 이 작은 새끼 거북에게 무슨 일이 생겼는지, 어떻게 움직이는지 한번 봐!" 다른 쪽에 있던 나는 다가가서 그녀를 쳐다보며 대답했다. "죽었군." 그러자 그녀는 "뭐가 죽었어, 움직이는 거 안 보여?"라며 되물었다. 나는 "그러니까 죽은 거지!"라고 대답했다. 그녀는 여전히 내 말을 믿지 않았다. "죽다니, 다시 보라고!" 내가 손전등을 켜는 순간, 새끼 거북의 배꼽에서 구더기가 천천히 기어 나오기 시작했고, 여기저기서 더 많은 구더기가 나왔다. 솔직히 나는 그녀가 기절할지, 잽싸게 달아날지 예측할 수 없었다. 결국 그녀는 두 번째 옵션을 선택했다. 새끼 거북을 땅에 두고 비명을 지르며 뛰쳐나갔다. "아니, 아니, 아니야… 윽 죽겠네! 불쌍한 것들 … 우웩, 토할 것 같아!" 그러나 몇 분 후, 돌아와서 새로운 장갑을 집어 들었고, 다시 조용히 일하기 시작했다(솔직히 말하면, 그때 그녀가 이상해 보였다). 손등으로 구더기 몇 마리가 지나갔는데도, 그녀는 여전히 자신의 매력을 유지하며 그 구역질 나는 것들과 스페인으로 돌아가고 싶은 마음을 꾹 참고 견뎠다.

그것이 우리가 해야 할 일 중 하나라는 게 정말 불쾌했지만, 악취 속에 갇힌 채 여전히 살아 있는 작은 거북을 구출하는 일은 그만한 가치가 있었다. 작은 다리를 흔드는 걸 보면 너무 만족스러웠고, 그 기분은 지금도 잊을 수가 없다.

결국 나는 파리나 구더기와 싸우는 일이 우리가 충분히 감당할 만한 일이라는 걸 깨달았다. 그것이 그들의 본질이라는 것을 이해하기 때문에 파리에게 죄가 있다고 생각하지 않는다. 경멸할 만한 존재처럼 보일 수는 있지만, 있는 그대로 받아들이게 되었다. 그들과 나의 관계는 '애증' 관계라고 할 수 있을 것 같다. 그들은 나를 계속 미치게 만들지만, 죽이는 대신 탈출하도록 문을 열어줄 수밖에 없기 때문이다. 이 글을 마무리하기 전에 파리들을 위한 건배(그리고 그들이 우리를 내버려 두도록 기도하기)를 제안한다.

11

바다거북

내 눈물은 그런 게 아니야

파리가 해변에서 거의 50센티미터 깊이에 묻혀 있는 바다거북 둥지의 위치를 정확히 찾을 수 있다는 사실은 그리 놀랄 일이 아니다. 아주 작고 외로운 파리 한 마리가 윙윙거리며 태양열로 달궈진 광대한 모래 위를 날다가, 예민한 후각을 이용해 부패한 알에서 풍기는 고약한 휘발성 분자를 감지하는 모습을 상상해본다. 파리가 흥분해서는 모래 위에 앉아 알을 낳고 날아가면 밤새 애벌레가 부화할 거라 확신한다. 그리고 부화한 애벌레들은 먹이를 찾아 냄새나는 알에 도달할 때까지 모래 알갱이 사이를 이동할 것이다. 정말 놀라운 수색자들이 아닌가?

나는 바다거북 연구를 시작하면서, 그들이 태어난 고향으로 돌아가고 싶어 하는 회향광이나 자기 장소에 대한 충성도 때문에 계속 돌아올 수 있다는 사실을 뒷받침하는 많은 자료를 발견했다. 몇 년 후, 내가 개발한 선구적인 사진 식별 방법[동물 개체군 중 어떤 동물인지 식별할 수 있음] 덕분에 같은 계절(6~12월) 동안 실제로 세 번까지 둥지로 돌아온 바다거북이 있다는 사실을 확인할 수 있었다. 그들은 같은 해변으로 돌아왔을 뿐만 아니라, 정확히 같은 장소에 둥지를 틀었다.

사냥꾼인 파리들이 냄새를 이용해 바다거북이 만든 최적의 장소를 찾아내면, 과연 바다거북은 어떻게 대처할까? 그들은 해변의 독특하고 특별한 장소에 대한 그들만의 감각으로 일종의 마인드맵을 만드는 것 같다. 즉, 경사와 해류, 지리적 방향, 냄새, 모래 알갱이의 굵기와 구성, 그리고 우리가 상상조차 할 수 없었던 많은 변수를 이미 다 알고 있다. 예를 들어 혹등고래는 태어난 지 불과 3개월도 안 되어 어미 옆에서 이동경로 여행을 시작하고, 이듬해 독립하면 경로를 완벽히 숙지한다. 그러나 바다거북은 둥지를 떠나는 순간부터 혼자이기에 사정이 달라진다. 더 놀라운 사실이 있는데, 새끼 거북들은 강력한 해류를 따라 (거의) 어린 시절을 다 보낸다. 때로는 해류가 수백 또는 수천 킬로미터나 멀리 그들을 데리고 가는데, 설상가상으로 어른 거북이 되기까지는 10년 이상 걸린다. 하지만 일단 어른이 되면 매년 태어난 곳으로 돌아온다!

열정적이지만 취약한 삶을 살아가는 바다거북을 보호하기 위해 얼마나 내 삶을 헌신했었는지는 앞에서 살짝 언급했다. 나는 수년간 아름답고 희귀한 태평양 대모거북, 검은색에 가까운 암갈색을 띠어서 멕시코에서는 '프리에타prieta'('진한 갈색'이라는 뜻)라고 알려진 거대한 푸른바다거북, 아주 인상적인 장수거북(세상에서 가장 큼) 같은 다양한 종의 거북들 곁에 있을 수 있었다. 그러나 대부분은 올리브각시바다거북Lepidochelys olivacea이라는 종과 함께했다. 올리브각시바다거북은 세계에서 가장 작은 두 종류의 바다거북 중 하나이지만, 그래도 70센티미터가 넘고 꽤 무겁다. 바위들 사이에 떨어지거나 호텔 정원들 사이에서 길을 잃은 그들을 들어 옮길 때 특히 그 무게를 실감하게 된다.

우리는 보통 밤 9시에 순찰을 시작했는데, 그날 밤은 바다거북이 산란하기 위해 끊임없이 모래로 나오는 바람에 작업이 너무 힘들었다. 한 해변에서만 40개 이상의 거북알을 모았고, 다음 날 오전 9시가 넘어서야 집으로 돌아왔다. 그러나 너무나도 행복한 시간이었다. 그들의 움직임과 해부학적인 모든 세부 사항을 관찰하며 함께 즐기기 위해서, 고독한 거북이에게 내 모든 시간과 애정을 바쳤다.

내가 혼자 해변 모래 위에 앉아 별이 빛나는 하늘을 즐기고, 별과 달이 빛나는 바다 위로 파도가 끝없이 오가며 부서지는 모습을 바라보는 장면에 대해 상상해보라. 갑자기 그중 한 파도가 아름다운 바다거북을 단단한 땅의 경계 밖으로 힘껏 밀어준다. 그 파도가 물러가자 우리의 거북이는 완전히 다른 두 세계의 경계에 놓인다. 다른 종들과 달리 올리브각시바다거북은 몸을 일으켜 네 발로 걸을 수 있다. 아름다운 지느러미가 된 다리의 발끝에는 여전히 발톱이 남아 있다. 다른 파충류나 포유동물처럼 그 거북은 주변을 둘러보고 조심스럽게 걷기 시작한다.

몇 미터를 움직이는 사이에 몇 초간 휴식도 취한다. 그런 다음 파도가 도달하는 곳 너머의 마른 모래에 닿자, 코를 떨구고 냄새를 맡는 사냥개처럼 작은 콧구멍이 두 개 난 작고 부드러운 코로 냄새를 맡기 시작한다. 녀석이 숨을 쉬는 소리가 들린다. 그러더니 내가 앉아 있는 곳으로 계속 걸어와서는 다시 모래 속에 코를 넣는다. 나는 녀석이 눈치채지 못하게, 그리고 위협으로 생각하지 않도록 꼼짝도 하지 않는다.

녀석은 나를 무시하고 해안에서 약 50미터 떨어진 곳까지 계속 냄새를 맡으며 이동한다. 다시 모래에 코를 떨구고, 이번에는 더 오랫동안 영감을 얻는다. 정확한 위치를 확인하기 위해 냄새를 맡으며 찾는다. 그렇다! 정말 행운이다! 우리의 친구는 그곳이 부화실 역할을 할 둥지를 팔 만한 곳임을 알고 있다. 그런 다음 앞발로 마른 모래를 모두 걷어내고, 접영을 하듯 지느러미를 휘저어서 몇 미터 밖까지 마른 모래를 퍼내기 시작한다. 몇 분 만에 녀석도 모

알을 낳기 위해 접영을 하듯
지느러미를 휘저어 모래를 파낸 바다거북.

래 밑 약 15센티미터 아래에 파묻혔다. 이제 우리의 거북이는 모래로 완전히 뒤덮였고, 아주 가까이 지나가는 관광객도 눈치채지 못하는 훌륭한 '투명 망토'가 생겼다. 그 관광객은 자기 바로 옆에서 무슨 일이 벌어지는지 전혀 눈치채지 못했다.

이제 가장 흥미진진한 부분이 등장한다. 녀석은 우리 손처럼 다섯 개의 긴 손가락이 달린 유연한 뒷지느러미를 사용해 땅속 깊숙이 도달할 때까지 구멍을 파기 시작한다. 먼저 왼쪽 지느러미를, 다음에는 오른쪽 지느러미를 숟가락처럼 사용해 더는 들어가지 않을 때까지 최대한 많은 모래를 조심스럽게 퍼낸다. 그들에게는 모성의 비밀 또는 가장 적합한 둥지 위치를 찾는 방법, 아니면 적어도 지느러미를 삽으로 사용하는 기술을 가르쳐줄 어미가 없었기 때문에 그 모든 일은 본능적으로 이루어진다. 그런데도 완벽하게 해낸다!

물에서 나온 지 15분쯤 지나서 부화실이 거의 완성된다. 마지막으로 우리의 사랑스러운 거북은 파도의 기분 좋은 자장가 소리를 들으며 가장 편안한 상태로 들어간다. 그런 다음 진짜 마술이 시작된다. 두 눈을 감고 꼼짝도 하지 않은 상태에서 알을 낳기 시작한다. 알들은 세 개씩 세 번 나오는데, 부드럽고 말랑해서 손상되지 않은 채 바닥으로 떨어진다. 정말 놀랍다! 그것은 내가 목격한 가장 아름답고 감동적인 장면 중 하나이며, 이를 본 사람이라면 누구나 이 강력한 존재들과 깊은 공감을 나누게 될 수밖에 없다.

대자연은 매우 관대하다. 산란하는 동안에는 몸속에서 화학물질을 혈류로 내보내 깊은 휴식 상태로 들어가도록 만들어, 주변에서 벌어지는 일에는 전혀 신경 쓰지 않게 만들기 때문이다. 보통 그 휴식 시간을 이용해 그들에게 금속 표시를 하고, 생체검사를 하며, 피부에서 기생충을 제거하고, 상처를 치료하며 크기를 쟀다. 우리가 친근하게 '엘 스파El Spa'라고 부르는 이 세척 및 벌레 제거 시스템은 독창적이었다. 그들을 보호하는 데 꼭 필요한 일이었지만, 그전에는 아무도 이런 방법을 시도한 적이 없었다. 모래밭에서 피를 빨아먹는 기생충에 뒤덮이기 시작하면 병에 걸릴 확률이 높아지기 때문에 이런 방법은 유익하다.

바다거북이 이완 상태로 들어가면, 마치 영화를 일시 중지한 것처럼 몇 시간 동안 깊은 잠에 빠질 때도 있다. 그럴 때면 그들을 조용히 남겨두고, 멀리서도 눈을 떼지 않은 채 더 많은 둥지를 찾으러 나선다. 하지만 그곳을 떠나야 할 때는 깨울 수밖에 없다. 이를 위해 손으로 등딱지를 부드럽게 쓰다듬는데, 등딱지가 촉감에 아주 민감하기 때문이다. 그들은 깨어난 후 아무 일도 없었다는 듯 다시 계속 알을 낳는다.

다시 우리의 주인공 거북을 따라가보자. 녀석은 알을 낳은 후 둥지를 모래로 덮고, 다시 뒷지느러미를 사용해 공간을 메우며 이전에 파놓은 모래를 다시 제자리에 돌려놓았다. 그런 다음 재미있는 장면이 나타나는데, 모래를 단단히 다지기 위해 둥지 바로 위에서 뱃가죽(등딱지의 바닥)의 양쪽을 이용해 재미있는 춤을 춘다. "펑, 펑, 펑, 펑!" 몇 미터 떨어진 곳에서는 그 리듬 비트가 고스란히 들린다. 우리가 가장 좋아하는 노래에 맞춰 거북이를 춤추게 하려면 약간의 음악만 있으면 될 것 같다. 그렇게 몇 분 동안 땅을 다진 후, 멈추고 다시 그 위를 돌기 시작하면서 사방에 모래를 뒤섞어 정확한 장소와 흔적을 감춘다. 매우 효과적인 위장술이다. 그렇게 많은 일을 한 후, 녀석은 바다로 다시 걸어가기 시작하고, 모든 일이 시작된 지 거의 한 시간 만에 파도 속으로 사라진다.

자원봉사자들을 교육할 때, 알을 낳은 장소를 특별히 신경 쓰라고 요청했다. 둥지들을 직접 찾아내야 했기 때문이다. 단, 거북이 바다로 돌아간 후 찾게 했다. 그럴 때마다 여기저기서 찾을 수 없다는 아우성이 들려왔다. 하지만 우리 거북 친구들은 그 일을 아주 집중력 있게 잘한다. 정말 놀랍다!

따라서 바다거북 둥지를 찾을 때는 매우 유용한 도구를 사용해야 했다. '빗자루'로 알려진 1.5미터 길이의 관 모양 둥지 탐지기가 있는데, 이것만 있으면 둥지 입구에 남은 단단한 모래 마개를 열 때 큰 도움이 된다. 마침 자원봉사자 중 한 명이 그 모래 마개의 기능이 무엇인지 궁금해했다. 그럴 때마다 나는 모든 세부 사항이 완벽하게 계산되어 있으며, 1억 년의 진화로 뒷받침되는 논리적 설명이 있다고 대답했다.

한 달 반 동안 진행되는 부화 기간에 알의 크기가 거의 두 배로 커지기 때문에, 변형 없이 성장할 공간이 필요하다. 그래서 우리의 거북은 물단지 모양의 구덩이를 만드는데, 하단이 넓고 상단 목이 좁은 형태이다. 따라서 모래로 채운 후에는 알들 사이에 많은 여유 공간이 있고, 그 위에서 춤을 추면 가장 높고 좁은 영역만 단단해진다. 이런 식으로 둥지가 무너지는 것과 알이 깨지는 것을 방지한다. 아주 효과적인 디자인인 셈이다. 매우 견고해서 사람이 일부러 부수지만 않는다면 둥지 위를 직접 걸을 수도 있다. 그 탐지기를 올바른 각도로 묻고 적절한 압력을 가하면, 알을 손상하지 않고 둥지를 빨리 찾아낼 수 있다. 딱딱, 딱딱, 딱딱, 딱딱 그러다가 갑자기 딱! 털썩! 그렇게 막대기가 푹 꺼지면서 위치를 찾아낸다. 이틀 정도 실습을 하면 자원봉사자들은 내 도움 없이도 둥지를 찾을 수 있게 되었다.

그런데 거북에게 뒷다리가 없거나 마비되면 무슨 일이 벌어질까? 당연히 문제가 생길 수밖에 없다. 보다시피 둥지를 트는 모든 작업은 발 지느러미로 하기 때문이다. 실제로 바다에서 나오는 거북을 보면, 뒷다리가 마비되거나 절단된 상태인 경우도 많았다. 그런 거북들의 행동을 잘 살펴보면 스스로 둥지를 틀 수 없다는 불안과 좌절이 역력해 보였다. 그래서 나는 그들을 도울 방법을 찾았고, 시행착오를 통해 그 시스템을 만들게 되었다. 비록 그들 곁에 누워 많은 시간을 보내야 했지만, 대체로 임무에 성공했고, 우리의 마비된 친구는 종을 영속시키는 가장 중요한 임무를 마칠 수 있었다. 정말 너무 만족스러웠다! 물론 거북의 협력 없이는 불가능했고, 내 얼굴과 귀와 저린 몸에 붙은 모래로 하루를 마무리하는 것은 충분히 그만한 가치가 있었다.

그렇다고 나를 정신 나간 사람으로 보진 말길 바란다. 어느 정도 사실이긴 하지만. 거북들은 약았기 때문에 내가 옆에 있다는 것을 아주 잘 알고 있는 듯했다. 언젠가 한번은 둥지를 만들다가 한두 번 실패한 바다거북이 도움을 요청하는 것 같아 함께할 기회가 생겼다. 녀석은 나의 도움을 받아들였고, 우리는 함께 둥지를 만들었다. 반대의 상황도 벌어졌는데, 의심 많은 사람이나 동물이 그렇듯이 어떤 거북이든 내가 옆에 있는 걸 불편해했고, 혼자 있고 싶다는 표시를 분명히 했다. 비록 그 몸 뒤에 숨어서 어두울 때도 전혀 건드리지 않으며 최대한 조심했지만, 녀석은 머리를 돌려 나를 쳐다보았다. "침입자, 나는 네 도움이 필요 없어, 여기서 나가줘"라고 하는 듯한 무서운 표정을 지은 후, 땅 파는 걸 멈췄다. 그리고 나와 멀리 떨어진 새로운 곳으로 기어가서 그 일을 다시 시작했다.

그때 녀석을 도울 수 없다는 사실에 얼마나 실망했는지 모른다! 아무리 도와주고 싶어도 인간과의 유대감을 형성하고 싶지 않아 하는 거북들도 분명 있었다. 우리 인간들에게 빚지고 싶어 하지 않는 것 같아서, 나는 그들의 결정을 받아들여야 했다. 안타깝게도 그들을 혼자 두어야 했고, 멀리서 지켜보면서 내 일을 계속했다. 몇 시간이 지나고 밤이 끝났는데도, 그 거북은 수없이 실패하면서도 해변 곳곳을 기어 다니며 땅을 파는 고통스러운 노력을 계속했다. 그러다 지치면 바다로 돌아갔다가 다음 날 밤에 다시 돌아왔지만, 결과는 마찬가지였다. 셋째 날, 더는 참을 수 없게 되자 그 거북은 포식자들의 자비를 구하면서 순수한 자부심으로 모래 위 여기저기에 알들을 낳았다. 그들이 사람을 두려워하는 걸 비난할 생각은 전혀 없다. 잔인하고 파렴치한 인간이 있는 건 사실이기 때문이다.

그러나 이쯤에서 이런 의문이 생길 것이다. 나를 받아준 바다거북을 과연 어떻게 도와주었을까? 내 손은 그들의 지느러미가 되었다. 지느러미 대신 내 손으로 땅을 팠지만, 그들의 속도와 시간을 존중했다. 그것이 가장 따르기 힘든 조건이었다. 만일 너무 빨리 팠다면 그들은 화를 내고 떠났을 것이다. 아무튼 그들이 장소를 선정하고 맨 위의 마른 모래를 치울 때까지는 내가 전혀 끼어들 수가 없었다. 이게 다다. 전혀 어렵지 않았다. 정말 뭉클한 경험이다! 포식자들로부터 그들을 보호하고 부화장에서 알을 부화시키려 애를 쓴 적도 있지만, 가장 친밀한 순간에 돕는 만족과는 비교도 할 수 없었다. 나는 인생의 기적을 이루게 해준 가장 운 좋은 조산사가 된 것만 같았다! 손가락으로 파면서 그들과 같은 방법으로 구멍을 뚫는 것은 어렵고 엄청난 노력이 필요한 힘든 작업이었지만, 규칙을 알게 된 후에는 훨씬 더 수월해졌다.

녀석이 없어진 지느러미 자리에 남아 있는 작은 부분을 움직이는 동안, 나는 열심히 땅을 팠다. 물론 움직이지 않을 땐 나도 멈췄다. 조금씩 둥지가 완성되면서 산란의 순간도 가까워졌다. 그리고 한두 시간 후 마침내 알을 낳기 시작했다. 나는 조심스럽게 거리를 두며 녀석이 혼자만의 시간을 갖도록 배려했다. 그러자 80개 이상의 알이 계속해서 떨어졌다. 그때를 생각하면 너무 감동스럽고, 아직도 눈앞에 생생하다!

비록 그들의 삶은 위험하지만, 나는 바다거북이 아주 행복한 존재라고 생각한다. 물속에서 '날아다니는' 모습은 상상만 해도 정말 멋지다. 오랫동안 숨을 깊게 들이쉬고 깊은 곳으로 다이빙하며, 많은 친구를 사귀면서 세계 여행을 하지 않는가. 하루는 고래상어를 만나고, 하루는 빨판상어를 사귀고, 또 다음 날은 조류 덕분에 나비고기가 다가와 등에 있는 기생충들을 먹는 동안 바다에서 휴식을 취하는 게 얼마나 멋진 삶인지 깨닫게 될 것이다. 또 다른 날엔 물 위로 떠올라 따뜻한 태양 광선으로 몸을 따뜻하게 데울 것이다. 그러면 오랜 이동으로 지친 바닷새가 그 등딱지에 앉아 에너지를 회복할 것이다. 그런 게 바로 삶이다!

라틴아메리카에서는 바다거북이 산란할 때 운다는 뿌리 깊은 믿음이 있다. 많은 사람이 그것을 '출산의 고통'에 대한 울음이라고 생각하지만, 일부는 알이 잡아먹힐 운명을 예감한 바다거북이 슬퍼서 우는 것이라고도 한다. 모든 관광객이 바다거북이 알을 낳는 것을 보면서 왜 '큰 눈물방울'을 흘리는지를 꼭 물어본다. 그럴 때마다 내 대답은 항상 같다. "거북이는 울지 않아요." 또는 "인간은 눈물을 감정이나 고통의 원인으로 이해하지만, 그들의 눈물은 그런 게 아니에요"라고 대답한다.

바다거북과 악어, 그리고 많은 바닷새의 경우 눈물은 오히려 찌꺼기로, 과잉 섭취한 염분을 지속적으로 배출하는 방법이다. 물속에 있을 때는 그 사실을 알지 못하지만, 바다거북이 물 밖에서 거의 한 시간을 보내게 되면 아주 분명하게 보인다. 그 눈물은 겔

성분과 아주 비슷해서 쉽게 흐르거나 떨어지지 않는 게 정상이다. 그러나 잘 생각해보면, 왜 나는 사람들에게 바다거북이 슬퍼서 우는 건 아니라고 설득해야 할까? 그렇게 말해야 하므로 그렇게 설득하는지도 모른다. 어쩌면 우는 게 사실이고, 실제로 그렇다고 말을 해야 했는지도 모른다. 그들을 죽이고 알을 먹는 사람들의 악과 이기심을 바라보는 건 너무 슬프기 때문이다. 어쩌면 사람들은 많은 이들이 바다거북과 관련된 프로젝트와 보호에 더 참여하도록 그런 이야기를 지어냈는지도 모른다. 아, 내 상상력의 한계이다!

다음 이야기를 하지 않으면 이 글을 마무리 짓지 못할 것 같다. 나는 어른 거북과 그들의 알에 관해 이야기하며 이 글을 시작했다. 하지만 한 달 반 동안 알 속에서 자라고, 태어나서는 둥지 안에 남은 형제자매들이 태어나길 기다린다는 사랑스러운 새끼 거북들

부화한 뒤 전자레인지 속 팝콘처럼
모래 밖으로 빠져나오는 새끼 바다거북들.

이야기도 꼭 넣어야 할 것 같다. 그들은 태어난 다음 날, 서로서로 챙겨주고 모두 함께 땅 위로 올라간다. 어떤 거북들은 모래 사이의 길을 열지만, 어떤 거북들은 아래에서 떠받친 채 밤이 되어 기온이 떨어지길 기다린다. 그런 다음 모두, 마치 전자레인지 속 팝콘처럼 놀라울 정도로 갑작스럽고 활발하게 밖으로 빠져나온다.

한순간도 멈추지 않는 엄청난 에너지와 의지를 가진 그들을 보는 건 정말 감동 그 자체였다! 하룻밤 사이에 부화한 둥지가 꽤 많았다. 우리는 부화장 내부에서 새끼 거북들이 탈출하는 것을 막기 위해 각 둥지 주위에 울타리를 쳤다. 그리고 숫자를 센 후 커다란 쟁반들에 놓아두었다. 하나하나 모으다 보니, 여러 둥지에서 동시에 튀어나오는 새끼 거북을 정리하는 일이 복잡해졌다. 하지만 둥지 하나에서 80~100마리 이상의 새끼 거북을 모으는 일은 즐겁고 재미있었다. 그러다 보니 둥지 쪽으로 걸어가는 일은 거의 불가능해

바다로 향하는 새끼 거북들은
인공조명 때문에 길을 잃기도 한다.

졌다. 얼마나 많은지, 어떤 둥지에서 나왔는지 구분하기도 힘들었다. 그렇기에 프로젝트에는 통계가 매우 중요하다. 새벽쯤 대부분의 새끼 거북들이 나왔을 때, 이미 우리에겐 일출 전에 해변에서 풀어줘야 하는 또 다른 새끼들 600~900마리가 있었다.

또 다른 문제가 남아 있었다. 그들이 근처 건물과 호텔의 은은한 조명에 헷갈리지 않고 바다로 들어가도록 잘 안내하는 일이었다. 민첩하게 움직이는 해오라기가 아직 덜렁대는 새끼 거북을 훔치려고 옆에서 접근하는 걸 지켜보면서, 우리는 손전등을 암초에 살짝 끼우고 그들을 유인했다. 이 일은 정말 엄청난 스트레스였다! 물론 해오라기가 새끼 거북들 사이로 종종거리고 다니는 동안에도 다가갈 수가 없었다. 그러다가는 5센티미터도 안 되는 작은 거북이를 밟을 수 있었기 때문이다. 매일 밤 자연은 우리에게 최고의 모습을 보여주었다. 우리가 경험하지 못한 아름다운 순간이 얼마나 많은지 모른다!

가끔 나는 그들이 너무 그립다. 향수병에 시달릴 때면, 산란기마다 계속 둥지를 틀었던 가장 충실한 바다거북 한 마리가 떠오른다. 녀석의 등딱지 옆에 흉터가 있어서 쉽게 알아볼 수 있었다. 게다가 내가 본 가장 큰 바다거북 중 하나라서 기억할 수밖에 없었다. 약 80센티미터 길이로 거대한 머리까지 합치면 1미터가 조금 안 되는 그 녀석은, 그 종 안에서도 유난히 컸다. 또 우리와 친밀한 관계를 맺은 덕분에, 항상 옆에 있을 수 있었다. 마르와 함께 녀석의 산란을 도왔던 그 조용한 밤이 떠오른다.

그때 우리가 알지 못한 사이에, 뒤로 약 2미터 떨어진 자연 둥지에서 모래가 튀어나오기 시작했다. 아마도 큰 폭풍우가 어미의 흔적을 지워서 우리가 찾지 못한 몇 안 되는 둥지 중 하나였던 것 같다. 거기에서 나온 새끼 거북들은 주위를 걷기 시작하더니, 우리와 함께 있던 어미 거북 곁을 지나갔다. 모두가 바다에 비친 보름달의 빛을 보고 정확히 방향을 잡아 바다로 향했다. 그중 암컷 새끼 거북 하나가 길을 잃고 우리의 친애하는 거대한 친구 코앞에 떨어졌다. 엄청난 순간이었다! 한곳에서 두 세대, 즉 어머니와 딸이 만나는 순간이었고, 우리가 그 증인이 되었다. 어린 딸 거북은 마치 넘을 수 없는 거대한 벽을 대하듯 그 거대한 어미의 입 옆을 지나갔다. 잠깐 그 벽을 검사하고 살짝 돌아본 후, 다시 바다를 향해 걸어갔다. 그렇게 모험으로 가득 찬 삶이 그녀를 기다리고 있었다.

과연 그 어미 거북은 새끼 거북을 알아봤을까? 나만의 환상 세계에서 이런 상상을 해본다. 새끼가 그 자리를 떠나기 전에 이런 조언이나 말을 해주었을 것 같다. "와 정말 잘했어." 아니면 "음, 이 커플이 너를 돌보고 있다는 건 정말 행운이야. 10년 후 네가 돌아왔을 때 그들이 여기 있었으면 좋겠구나."

친애하는 작은 거북에게. 그때는 이곳에서 너를 맞아줄 수는 없겠지만, 그럴 수 있다면 정말 좋겠어. 너에게 그걸 약속할 수는 없지만, 우리의 작업이 성과를 거둔 건 확실해. 그러니까 점점 더 많은 사람이 해변에서 너를 환영하고 도와주고 보호해줄 거야. 그럼 꼬맹이, 행운을 빌어!

12

영장류

툭하면 침 뱉지만 사랑스러운

동물들과 함께한 경험 중에서 성인 침팬지와 나누었던 것처럼 강렬하고 감동적인 경험은 많지 않은 듯하다. 이 글을 읽는 모든 영장류 동물학자들은 사건이 너무 단순해서 비웃을지도 모른다. 하지만 내게는 '우스꽝스럽게도 트라우마를 남길 만하지만, 삶을 더 풍요롭게 해준' 경험으로 분류될 만하다. 사회학자이자 인류학자인 내 친구 파블로 에레로스 우발데Pablo Herreros Ubalde에게 그 이야기를 해주자, 그는 우리의 습관적 행동이 다른 영장류의 행동과 얼마나 비슷한지를 강조하며 한참을 웃었다. 물론 그 비슷한 점들은 그가 책과 강연, 텔레비전 쇼에서 다 훌륭하게 설명한 내용이다. 그런 그가 더는 우리와 함께 있지 않다는 게 슬프지만, 지금은 동물과 인간이 평등한 곳, 서로를 완벽하게 이해하는 곳에 있을 거라고 확신한다.

어쨌든 그 경험은 내 삶에 중요한 교훈을 남겨주었다. 참, 이 이야기는 사람들이 너무 좋아해서 케임브리지대학 출판부에서 나온 고급 스페인어 교재에까지 실렸다. 그래서 가끔 나는 영어를 사용하는 수많은 학생이 이 이야기를 통해 스페인어를 익히고 연습하는 모습을 상상하곤 한다.

함께하고 싶은 마음이 간절했지만, 인간이 아닌 영장류, 즉 우리와 매우 비슷한 그 동물들과 직접 일할 기회가 거의 없었다. 야생에 사는 그들과 가까이했던 유일한 경험은 대학 졸업 후 얼마 안 되어 과테말라와의 국경 근처 고지대 밀림에서 과학 탐사 관찰자로 있었을 때였다. 그 탐사의 목적은 재규어를 관찰하기 위한 몰래카메라를 설치하는 일이었으며, 그곳에는 과테말라검은고함원숭이Alouatta villosa로 알려진 울부짖는 건강한 고함원숭이 집단이 살고 있었다.

그 당시는 건기였기 때문에 초목이 평소보다 빽빽하지 않았고, 덕분에 거대한 나무들 사이를 쉽게 이동할 수 있었다. 그날 우리는 일찍 일어났고, 한낮의 더위로 지치기 전에 부지런히 많은 거리를 걸었다. 걸은 지 한 시간이 지났을 때쯤, 목구멍에서 쏟아져 나오는 외침이 멀리서 들렸다. "우우우우우" 하는 소리는 자신의 영토임을 알리는 수컷들의 신호였는데, 계속 목이 잠긴 듯했고 꽤 길게 들렸다. 나는 그들이 나무 꼭대기 사이를 뛰어다니며 자유롭게 사는 모습을 볼 수 있어서 기뻤다. 내 동료인 다나에는 원숭이들에게 '세례를 받을' 가능성이 있다며 경고를 했다. "우리에게 세례를 준다고?" 그 말에 흥미로워하며 다시 물었지만, 그녀는 "곧 알게 될 거야"라며 짧게 대답하고 말았다. 더위는 점점 숨이 막힐 정도로 심해졌고, 우리는 걸어가며 계속 땀을 흘렸다. 그러면서도 그 세례가 원숭이의 행동을 가리키는 말인지, 아니면 어떤 의식인지 계속 궁금했다.

당시에도 원숭이 사냥은 금지되어 있었지만, 잡아먹거나 애완동물로 팔기 위해 새끼들을 사냥하는 일은 거의 매일 일어나고 있었다. 하지만 이들은 나무 꼭대기에 살고 있었기 때문에, 정글 속을 걷는 네 명의 사람을 보고도 아주 안전하다고 느꼈고 자신감도 가득했다. 그리고 늘 그랬듯이 원숭이들은 우리를 먼저 알아챘다. 지역 가이드가 드디어 한 무리를 가리켰는데, 가히 사회집단이라고 할 만했다. 빽빽한 나뭇가지와 잎 사이로 10여 마리의 암컷 원숭이들이 보였다. 그들 사이에 있던 까만색의 큰 수컷은 우리를 계속 쳐다보았다. 나머지 원숭이들은 마치 다섯 번째 팔처럼 굵고 긴 꼬리로 몸의 균형을 잡으며 잎을 먹고 있었다. 그들은 우리 위에서 뛰어다니고, 모두들 그 광경을 즐기고 있었다. 나는 '정말 운이 좋군!' 하고 생각했다. 그런데 나무 위로 걸어 다니던 수컷이 우리 머리 위 약 15미터 높이에서 걸음을 멈췄다. 나는 다나에와 다른 두 동료가 달아나기 시작했다는 걸 눈치채지 못한 채, 너무 놀라 입을 떡 벌리고 위만 쳐다보고 있었다. 상황을 전혀 알지 못하고 혼자 남겨진 나는 곧 동료들이 말없이 도망친 이유를 알게 되었다. 갑자기 똥오줌 비가 떨어지기 시작했기 때문이다. 벌렸던 입을 얼른 닫고 나에게 쏟아지는 따뜻한 선물을 피해야만 했다. 눈을 떴을 때 동료들은 나무 아래 숨어 거의 눈물을 흘리며 웃고 있었다. 이렇게 왕따를 시킬 줄이야!

그러나 그곳 사람들이 말한 것처럼, 인간은 같은 돌에 두 번 걸려 넘어지는 유일한 존재이다. 12년 후 나는 그 말에 존경을 표할 수밖에 없었다. 2012년, 나는 운 좋게도 네덜란드 영장류 구조 재단에서 스페인 본부의 자원봉사자로 뽑혔다. 면접을 보면서 타잔과 제인 구달Jane Goodal[장기간의 현장 연구로 침팬지에 대한 획기적인 사실들을 발견해낸 영국의 동물학자]이 섞인 내 모습을 상상했다. 비록 그들이 "당신 임무는 똥을 치우는 일이에요. 물론 수락한다면요"라고 말하는 순간 바로 현실로 돌아왔지만. 물론 정확히 그 말을 한 건 아니었지만, 어쨌든 내가 할 일은 그 일이었고 그리 불가능한 임무도 아니었다. 즉, 청소(90퍼센트)와 음식 준비(10퍼센트)가 내 일이었다. 위대한 영장류와 매우 가까이 있는 것은 무슨 일을 하더라도 포기할 수 없는 기회였다.

재단의 본부는 매우 크고 현대적이며 발렌시아주의 빼어난 자연 지역에 자리 잡고 있었다. 주요 목표는 출생지와 관계없이 영장류와 비참한 조건에서 구출된 큰 고양잇과 동물들에게 영구적인 생활 터전을 제공하는 것이다. 이들 중 일부는 불법 동물원이나 동물 수집, 개인 주택이나 서커스, 연구소에서 구조되거나 불법 밀매 과정에서 압수되었다. 이 재단은 다른 곳에서 환영받지 못한 동물들에게 특별한 관심이 있었다. 수년 동안 그들의 재활에 전념하면서 어렵고 복잡한 상황들을 전문으로 다룬다. 그래서 많은 돈이 들어간다. 거기에 도착할 정도로 운이 좋은 녀석들은 괜찮은 생활 조건으로 여생을 보낼 수 있는 멋지고 넓은 장소를 제공

받는다. 또한 내부 지역뿐만 아니라 고유 식생으로 가득 찬 넓은 외부 지역에도 접근할 수 있다.

그들과 일할 당시, 시설에는 4종의 영장류가 있었다. 가장 유명한 스타 주민인 침팬지Pan troglodytes, 남부돼지꼬리마카크Macaca nemestrina, 신망토개코원숭이Papio hamadryas, 필리핀원숭이Macaca fascicularis였는데, 실험실에서 더는 쓸모가 없어져 버림받고 이곳에 오게 되었다.

어떤 영장류들은 아주 어렸고, 또 침팬지 아칠레처럼 나이가 꽤 든 이도 있었다. 아칠레는 거의 쉰 살이 된 호인 같은 수컷이었는데, 갇혀 사는 동물의 평균수명에 거의 도달한 나이었다. 하지만 계속 잘 돌봐준다면 훨씬 더 오래 살게 될 거라는 확신이 들었다. 물론 장수 기록은 1932년 영화에서 타잔과 함께하고 여든 살에 죽은 유명한 침팬지 '치타'가 이미 보유하고 있다. 아칠레는 야생에서 침팬지 새끼들을 잡아 암시장에 팔려고 어미를 죽이려는 사람들에게 상처 입고 포획되었을 가능성이 컸다. 이런 일은 그들이 사는 아프리카의 먼 밀림 속에서 20세기까지 벌어졌던 관행이며, 지금도 여전히 벌어지고 있다. 어쨌든 이곳 모든 주민들의 이야기는 슬프고 가슴 찡하지만, 다행히도 결말은 해피엔딩이다. 그들을 돌보는 사람들은 과거에 그들이 겪은 모든 아픔에 대한 보상으로 가능한 한 최고의 삶을 제공하려고 매일 노력한다.

내가 받은 훈련은 간단했고, 기본적으로 업무 시스템의 작동 방식을 아는 일에 중점을 두었다. 재단의 직원들은 작업자들을 보호하고 사고를 피하기 위해 모든 엄격한 안전 조치를 완전히 이해했는지 확인했다. 작은 새끼 원숭이와 일할 때는 손을 물리면 심각한 상처를 입을 수 있기 때문이다. 또 성인 침팬지의 경우 인간의 힘을 능가하고, 분리하는 철망이 있다고 해도 조금만 부주의하면 쉽게 사람을 해칠 수도 있었다. 따라서 규칙의 준수를 중요하게 생각하도록 잘 교육받은 상태에서 임무들을 시작했다.

그날은 직원들에게 평소와 같은 날이었겠지만, 내겐 매우 특별한 날이었다. 무척 설레는 마음으로 한 구역에서 일을 시작했는데, 침팬지와 개코원숭이는 각자 구역에 나뉘어 머물고 있었다. 우리가 다가가자 멀리서 목청이 터질 것 같은 비명과 금속 문 안에서 계속 두드리는 소리가 들렸다. 비명을 지르는 침팬지에 관한 다큐멘터리를 본 적이 있지만, 텔레비전에서 들었던 소리와는 완전히 달랐다. 너무 강렬해서 뼛속 깊이 전달되고, 몸이 흔들리는 것 같은 느낌이 들 정도였다. 그 날카로운 비명이 주는 느낌을 한마디로 설명해야 한다면 '위협'이라고 할 수 있는데, 여기에 망설임 없이 '아주 엄청난'을 덧붙이고 싶을 정도였다.

들어가기 전, 나의 책임자였던 지나는 정문 뒤에 커튼으로 덮인 두 개의 측면 출입구가 난 벽이 있다고 설명해주었지만, 그 뒤에서 무슨 일이 일어나고 있는지는 말해주지 않았다. 뒤편 왼쪽에는 침팬지의 공간이, 오른쪽에는 개코원숭이의 공간이 있었다. 그녀는 나에게 우선 문을 통과한 뒤, 침팬지에게로 직접 인도해줄 신비한 커튼을 통과하라는 사인을 줄 때까지 기다리라고 했다. 그녀가 문을 열자마자 귀가 터질 것만 같은 비명이 들렸는데, 정신을 잃을 정도였다. 아무튼 그들은 새로운 손님이 왔다는 것을 알아챘다. 내 몸 전체에서 뿜어 나오는 두려움과 불안의 냄새를 분명 맡을 수 있을 것 같다는 생각이 들었다.

2분도 채 안 되어, 커튼을 들여다보던 지나는 내게 무슨 말인가를 외쳤다. 나는 그녀의 말을 알아들을 수 없었기 때문에 이해하기가 힘들었다. "철창 근처로 오지 말고 계속 벽에 붙어 있어요. 그리고 절대 그들의 눈을 직접 쳐다보지 마세요. 아주 중요한 거예요!" "뭐라고요? 눈을 보지 말라고요? 왜요?" 그녀의 말을 알아듣는 데 시간이 걸렸다. 전에는 경험하지 못한 두려움으로 나만의 안전지대에서 멀리 벗어나 있다는 생각이 들었다. 나는 온갖 비명과 두드리는 소리 때문에 너무 긴장했다. 평소에 아주 침착한 지나는 나를 돌아보며 그 말을 반복했고, 예상치 못한 이야기를 꺼냈다. 그곳에 도착하기 전에 해주었더라면 좋았을 텐데. 아마도 그 말을 듣고 내가 뒤돌아 도망칠까 봐 걱정해서 말하지 않았던 것 같다. 그녀의 이전 경험을 볼 때 나는 충분히 그러고도 남았기 때문이다. 그래서 여러 가지로 그녀에게 감사한다. 그녀는 "어떤 침팬지는 낯선 사람에게 침을 뱉는 것을 즐기지만, 별일 아니니 걱정하지 마세요."라고 말했다. 그리고 대꾸도 하기 전에 이런 경고를 덧붙였다. "당신에게 침을 뱉으면, 절대 반응을 보이지 말고 몸을 뒤로 돌리지도 마세요. 그들은 당신이 언짢아하는 모습을 보고 싶어서 그러는 거니까요!" 순간 그녀의 말을 듣고 놀라지 않은 척

했지만, 너무 당황했다. 그때 내가 어떤 표정을 지었는지 상상조차 하고 싶지 않다. 그녀는 나를 뚫어지게 쳐다보더니 묘한 미소를 지으며 이 말을 반복했다. "침착하게 있어야 해요. 그렇지 않으면 계속 침을 뱉을 거니까!" 나는 고개를 끄덕일 수밖에 없었고, 겁을 먹은 채 "알았어요"라고 대답했다. 그러자 따라오라는 신호를 주었다. 그리고 드디어 그 순간이 왔다.

왼쪽의 커튼을 통과하자 나를 기다리는 침팬지 여덟 마리를 볼 수 있었다. 두꺼운 철창 뒤에서 일부는 움직이지 않고 내 허점을 찾으며 나를 뚫어지게 쳐다보았다. 다른 일부는 이쪽저쪽을 뛰어다니며 손과 팔로 문을, 그리고 아프리카 드럼처럼 부풀어오른 스테인리스 탁자를 두들겼다. 잊지 못할 만남이 될 거라는 기대를 하며 그들에게 좀 더 다가갔다. 그들의 '사정거리 내'에 들어서자마자 나는 코를 찌르는 듯한 냄새를 풍기는 엄청난 침 세례를 받았다. 정확히 말하자면, 한쪽 눈 옆과 뺨에 맞았다. 잠시 후 두 번째 침이 내 얼굴로 날아들었고, 목으로 타고 흘렀다. 그리고 세 번째 침이 새로 받은 유니폼 재킷에 떨어졌다. 나는 얼굴을 가리거나 도망쳐 나가고 싶은 미칠 듯한 욕구를 억누르면서 엄청난 용기와 맹목적인 순종으로 두 개의 침이 조금씩 얼굴과 목 아래로 타고 내려오는 느낌을 참아냈다. 아주 길게 느껴진 몇 초 동안 꼼짝도 안 하고 서 있었고, 그녀로부터 휴지 조각을 건네받아 살짝 닦기만 했다. "오스카르, 드디어 해냈어요! 이제 시험을 통과했으니까, 다시는 침을 뱉지 않을 거예요." 지나는 너무 만족스러워하며 말했다. 말 같지도 않은 거짓말이다! 적어도 여덟 마리 중 페기를 뺀 일곱 마리는 더 이상 뱉지 않았지만, 페기는 아름다운 꽃처럼 미동도 없이 순진한 척을 하고 있었지만, 그 갈색 눈은 늘 내게 "가까이 오기만 해봐, 침을 뱉어버릴 테니까"라고 말하는 것만 같았다. 그리고 기회가 생길 때마다 또다시 침을 뱉었다.

끝날 것 같지 않던 강렬한 시간이 지난 후에 침팬지들은 진정되었고, 나를 샅샅이 훑어보았다. 처음과 달리 공격적인 모습을 보이지는 않았으며 조용해졌다. 그것은 살면서 받은 최고의 환영인 동시에 최악의 따돌림이었다. 하지만 내가 침팬지들의 계급 순위에서 꼴찌라는 것을 인정하자 모든 일이 일사천리로 진행이 되었다. 온종일 침 냄새가 몸에 진동하긴 했지만 말이다.

지나가 외부로 나가라고 중간 문을 열자, 여덟 마리는 추가 보상을 받는 것처럼 우거진 덤불 속에 숨겨놓은 아침을 먹으러 빠져나왔다. 그들은 과일과 채소를 찾아 들고 겨울 태양의 따뜻한 햇볕 아래 먹기 시작했다. 그러는 동안 아칠레는 아무에게도 주지 않고 최대한 당근을 모았다. 중간 문이 닫힌 안전한 상태에서 나는 그 편안한 휴식 장소에 들어가 지난 저녁 식사에서 남은 채소를 줍고, 담요를 털어주며, 똥을 모으고, 톱밥을 바꾸며, 때로는 그들이 입과 손으로 벽에 그린 예술 작품을 청소했다. 더럽게 들리겠지만, 그들이 입으로 씹어서 미리 만들어둔 똥으로 그린 추상적인 그림은 매우 흥미롭다. 기술적 관점에서 이런 행동은 페인팅으로 여겨진다. 이를 '비정상적인' 행위로 생각할 수도 있겠지만, 타고

난 반응으로 볼 수 있을 것 같다. 나는 그것이 손에 든 재료로 만든 진정한 예술 작품이라고 생각한다. 그곳에 있는 동안 작품 사진을 열심히 찍었는데, 정말 놀라움 그 자체였다. 육안으로만 봐도 단순한 '똥 뭉침'은 아니라는 걸 알 수 있다. 그들은 입으로 다양한 힘을 주고, 손가락으로 돌리며, 마무리 수정을 하는 기술을 사용하는 게 분명하다. 누구라도 그 작품을 보고 그 의미를 생각해보면 끝없는 상상의 나래를 펼 수밖에 없을 것이다.

그다음 날 나는 마카크원숭이들이 있는 곳을 맡았는데, 일은 훨씬 수월했다. 그들은 훨씬 친근했고, 사람의 눈을 피하던 침팬지나 개코원숭이들과는 달리 이야기하고 싶어서 계속 사람의 시선을 찾았다. 그들은 감사와 신뢰를 담은 표정으로 사람들을 쳐다보며 어떤 대답을 기대하고 있었다. 눈썹을 올리고 머리를 위로 들며 입을 우아하게 움직이는데, 사람들이 같은 몸짓을 하며 대답해줄 때 훨씬 더 재미있었다. 그리고 무슨 뜻인지 모르는 이상한 대화이지만 "무슨 말인지는 몰라도 너무 좋아!"라는 의미로 느껴졌다. 그들은 외부 구역에 멀리 있다가, 사람에게 가까이 갈 때는 의심의 눈초리로 조심스럽게 다가가는데, 답을 기다리는 듯이 멈췄다가 다시 걸음을 이어갔다. 마카크원숭이들의 리더인 이노가 사람들의 신발에 집착하며 어떻게 생겼는지, 무슨 색인지, 밑부분은 어떤지, 신발 끈이 다채로운지, 잘 묶여 있는지를 부분부분 꼼꼼하게 감탄하며 살펴보는 것은 매우 흥미로웠다. 아마도 전생에 그는 신발 장인이거나 신발 숭배자였을지도 모른다. …… 절대 알 수 없겠지만.

정서적 유대 관계를 맺지 않도록 가능한 한 적게 상호 작용하라는 엄격한 지침이 있다. 하지만 그들의 사랑스러운 얼굴을 가까이하지 않을 수가 없다! 우리 모든 영장류는 치장과 같은 집단 활동을 통해 상호 작용하고, 다른 사람들과 의사소통하며 받아들여지고, 감정적 유대를 강화하고 싶어 한다. 아마 가장 일반적인 치장 장면은 서로서로 털에 숨어 있는 기생충을 제거하는 데 몇 시간씩 보내는 모습일 것이다. 영장류 간에 서로를 치장해주도록 허락하는 것은 그만큼 신뢰의 표현이 되고, 이는 지속적인 유대를 쌓는 가장 쉬운 방법이다. 우리도 동료들과 일을 하면서 이런 행동을 할 수 있을까? 글쎄, 암묵적인 대답은 '노!'일 것 같다. 만일 동료들에게 내 머리에 기생충이 있다고 말하면, 절대 관계를 맺지 않고 멀어지려 할 것이다. 아무도 다가오지 않을 거고, 회사도 곧바로 격리하려 할 것이다. 반면 누군가를 치장시키려고 하면, 분명 성추행으로 고소당할 것이다. 그러니 그냥 하지 않는 게 낫다!

방법이 완전 똑같은 건 아니지만, 때때로 회사가 직원들 관계를 개선하기 위한 활동 프로그램을 도입할 때 비슷한 신뢰 및 상호주의 원칙이 적용된다. 인간이 다른 영장류와 다른 점은 감정을 의식적으로나 무의식적으로 억압한다는 점이다. 그리고 우리 인간은 모르는 사실이나 부끄러워서 적용하지 못한 것, 또는 실천에 옮기고 싶지 않은 것 등에 관한 내용을 돈을 내고 배운다. 따라서 다른 영장류는 우리보다 똑똑하다. 그들은 자연스럽고 훌륭하게,

게다가 공짜로 그 일을 해내기 때문이다!

우리 인간의 유전자는 98퍼센트가 침팬지와 같을 뿐만 아니라, 행동도 같은 점이 많다. 즉, 우리는 친절하고 부드러우며 호기심이 많고 공감적이거나 창의적이지만, 또 공격적이며 음모자가 될 수 있다. 나는 침팬지들로부터 지적인 존재의 모습뿐만 아니라, 인간의 최고와 최악의 모습을 모두 보았다. 우리는 심리학과 정신병리, 기타 행동 문제에 관해 이야기하는 척하지 말고, 처음에는 갇혀 있다가 지난 수십 년 동안 자연 서식지에서 살게 된 영장류를 연구함으로써 인간에 대해 많은 것을 배우게 되었음을 인정해야 한다. 이 글의 후반부 몇 줄은 사회적 유대와 긍정적 강화의 중요성을 이야기하려 한다. 파블로 에레로스는 우정과 애정은 음식과 매우 비슷하다고 했는데, 둘 다 꼭 필요하기 때문이다.

잘 알다시피, 동물원에 갇혀 사는 동물들은 동기 유발을 위한 자극을 전혀 받지 않는다. 부적합한 장소에 갇힌 그들은 최소한의 음식과 계속 귀찮게 하고 스트레스를 주는 많은 일일 방문객만 받는다. 정확히 알려지지는 않았지만, 같은 종 동물들과의 접촉을 막고 부모와 떨어뜨려 놓으면 엄청나게 큰 심리적 장애를 겪을 것이다. 그런 끔찍한 곳들에 정신병을 앓는 동물들이 있는 건 너무 당연하다. 어렸을 때, 좌우로 흔들리며 계속 균형을 맞추는 코끼리와 곰, 작은 철장에서 끊임없이 원을 그리며 달리는 늑대, 몸 일부가 절단된 침팬지를 본 기억이 난다. 아마 그들에게는 매우 암울한 시기였을 것이다. 비록 우리는 윤리와 존중을 위한 오랜 길을 달려오긴 했지만, 여전히 많은 불의가 있고, 그 경험으로 평생 트라우마를 안고 사는 동물들이 많다. 다행히 영장류이든 길고양이이든 상관없이 동물들의 행복에 관심을 가진 사람들이 점점 더 늘어나고 있긴 하다.

영장류와 다른 동물이 존엄하게 살아가도록 하기 위한 큰 노력과 훌륭한 작업 이야기로 다시 돌아가서, 침팬지와의 경험을 나누고 싶다. 구체적으로 말하자면, 작별 인사에 관한 부분이다. 시간이 지날수록 나는 그들을 각각 자세히 알게 되었고, 일주일 만에 무리의 각 구성원을 알아볼 수 있게 되었다. 침팬지들은 나름대로 고유한 성격이 있었으며, 그들과 감정적 유대 관계를 맺지 않고 지낸다는 것은 거의 불가능한 일이었다. 자원봉사자로서 협업을 마치고 몇 년이 지난 후, 비록 짧은 시간이었지만 그곳을 다시 방문할 좋은 기회가 있었다. 그들은 내게 다가와 인사했고, 자신들의 야외 공간에서 조금씩 함께 걸을 수 있도록 허락해주었다. 물론 나는 침팬지들을 향해 똑바로 섰다. 큰소리로 보여주는 공격적인 환영을 기대했지만, 가까이 다가가도 조용히 차분하게 있어 너무 놀랐다. 오히려 그들은 조금씩 쉼터에서 나오더니 인사하려고 다가왔다. 예상치 못한 친절하고도 정중한 환영 인사였다. 가장 먼저 무리의 리더인 파트릭이 다가왔고, 이어서 세 마리가 뒤를 따랐다. 그런 다음 아칠레가 천천히 다가오더니, 마치 오랜 친구를 다시 만나 종일 붙어 있으려는 것처럼 내 곁에서 한참을 걸었다. 끝으로, 만난 첫날부터 특별한 불꽃이 튀었던 프루덴세가 나

내게 침 뱉지 않은 몇 안 되는 침팬지였던
사랑스럽고 친절한 프루덴세.

왔다. 그녀는 내가 처음 이곳에 왔을 때, 침을 뱉지 않은 몇 안 되는 침팬지 중 하나였다. 우리는 서로 마주 보며 홀로 앉아 있었고, 오랫동안 서로를 바라보았다. 우리는 말의 힘을 능가하는 눈빛을 통해 아름답고 조용한 대화를 나누었다. 나는 눈물이 날 정도로 너무 감격했고, 그녀를 비롯한 전체 무리와 작별 인사를 했다. 그날 나는 그들이 줄 수 있는 최고의 선물을 받았다. 이미 난 그 무리의 일원이었다!

13

곰 — 오래된 숲 모든 곳에 살았던 지배자

"누가 통화하고 싶다는데요." 수의사는 남자의 답변을 듣기도 전에 그녀에게 전화를 건넸다.

"네?"

"제 말 잘 들으세요. 저는 당신이 갓 태어난 새끼 곰을 데리고 있다는 걸 알고 있어요. 그 곰의 상태도 알고, 당신이 동물 밀매꾼에게 팔아넘기려 한다는 것도요. … 그 불쌍한 새끼 곰의 미래가 당신의 손에 달려 있습니다."

2013년 1월, 그렇게 새끼 곰 브루노를 위한 어려운 협상이 시작되었다. 그 새끼 곰은 태어난 지 한 시간도 채 되지 않은 상태로 어미의 품에서 강제로 떨어졌다. 손바닥 정도 크기에 무게는 400그램이 채 안 되었고, 스스로 체온도 유지할 수 없는 상태였다. 그래서 헝겊에 싸인 채 상자에 넣어졌고, 완전 알몸에 앞도 볼 수 없는 무력한 상태였다. 새끼 곰 브루노는 서커스 동물이 될지도, 아니면 더 나쁜 곳에 갈지도 모르는 어두운 미래를 앞둔 것도, 그를 위험에서 구하기 위한 치열한 싸움이 시작되었다는 것도 알지 못한 채 그렇게 있었다.

내 결혼식날 갈매기를 데려왔던 열정적인 새 구조자인 내 친구 아넬은 알리칸테 지방의 한 쓰레기장 안에 있어서 논란이 많은 사립 동물원의 수의사 보조로 위장 취업하는 데 성공했다. 그 쓰레기장은 소홀한 관리로 인한 안 좋은 이미지를 바꿔보려고 그 안에 동물원을 운영하고 있었다. 그곳은 열악한 조건 때문에 수년간 고발을 당했었다. 오랫동안 우리 안에 갇혀 슬픈 이야기를 간직한 네 마리의 큰곰Ursus arctos(또는 불곰)을 포함한 동물들이 열악한 환경 속에 있었다. 그때까지도 상황이 전혀 개선되지 않았고, 새로운 고발이 시작되면서 이 사건이 조명을 받게 되었다.

동물원에서 곰이 새끼를 낳는 중이라는 중요한 사실을 알아채고, 상황이 예상치 못한 방향으로 흘러가기 전에 그 곰들을 비롯한 호랑이들을 시설에서 구출하려고 시도하면서 이 일이 시작되었다. 동물원 일로 법적 문제를 겪고 있던 현장 관리자는 새로운 곰이 태어나면 또 다른 골치 아픈 문제가 생길 것을 염려해서 급히 새끼 곰을 처리할 방법을 궁리했다. 그러다 잘 알고 지내던 야생동물 밀매꾼에게 새끼 곰을 600유로에 팔려고 했다. 하지만 새끼 곰을 구하려는 아넬의 설득력 있는 말과 주장이 관리자의 마음을 돌려놓았고, 그는 아넬에게 새끼를 넘겨주는 데 동의했다.

하지만 새끼 곰 브루노는 어미와 다시 만나기엔 너무 늦었다. 다시 돌려놓아도 어미에게 버림받거나 죽임을 당할 위험이 크기 때문이다. 우리는 어떻게 해야 할지 깊은 고민에 빠졌고, 우선 새끼 곰을 인큐베이터에 넣고 젖병으로 영양을 공급하기로 했다. 과연 다시 야생으로 돌아갈 수 있을까? 그녀와 스페인에 서식하는 곰을 보호하는 재단 회원들 머릿속에는 이 질문이 계속 맴돌았다. 그것은 너무나 복잡한 숙제였다. 어린 새끼에게는 생존에 필요한 것을 가르쳐줄 어미가 필요했고, 인간과는 접촉하지 말아야 했다. 성공한다는 보장이 없었고, 애정과 관심을 받지 못하면 브루노는 행동과 성격에 심각한 변화를 겪을 수도 있는 상황이었다.

새끼 곰이 나이에 맞게 어미와 신체 접촉을 하는 것은 성격을 올바르게 발달시키는 데 중요한 요소이다. 우리는 그의 기대 수명을 최대한 높이기 위해 어려운 결정을 내렸다. 당분간 인간 보호자의 도움을 받아 돌보다가, 이후에는 24시간 내내 신경을 써주고 만족스럽게 돌봐줄 수 있는 최고의 장소로 옮기기로 했다. 즉, 알리칸테 북부의 산에 자리 잡은 아이타나 사파리Safari Aitana로 가게 되었다.

5주 후 아넬은 곰의 상태를 검사하는 첫 번째 시간에 참석했는데, 나도 이 일의 지지자인 아내 마르와 함께 참석할 기회를 얻었다. 땅딸막한 파란 눈의 곰은 호시탐탐 젖병을 노리는 탐욕스러운 우유 먹보로, 돌봐주는 사람 턱 밑에서 우유를 먹고 있었다. 마르도 새끼 곰 때문에 멍든 턱을 자랑스러워하며 일주일이 넘게 직접 우유를 먹였다. 치아는 없지만 발톱이 컸기 때문에 모르는 사이에 얼굴이 긁히지 않도록 조심해야 했다. 이미 크기는 두 달 된 래브

구출되어 내 품에 안긴 새끼 곰 브루노.
어린데도 놀랄 만큼 성격이 확실했다.

라도 레트리버 강아지 만해졌다. 짙은 회갈색 털은 목 주위의 흰색 고리와 구분이 되었다. 그 고리는 자라면서 서서히 사라진다. 나는 그가 새끼인데도 그렇게 성격이 확실할 수 있다는 것에 매우 놀랐는데, 분명 사람들과의 신체적 또는 사회적 접촉 없이 야생에서 자랐다면 완전히 다른 상황이 벌어졌을 것이다.

브루노는 계속 성장했고, 잘 놀았으며, 관리도 계속 이어졌다. 우리는 확실한 집을 얻어주기 위해 5개월간 고군분투했다. 마침내 6개월째, 30킬로그램에 달한 새끼 곰은 빌바오[스페인 북부 도시]에 있는 카르핀Karpin 야생동물 보호소로 보내졌고, 지금은 어른 곰 집단에서 함께 산다. 그리고 몇 개월 후, 동물원에 있던 그의 부모와 조부모는 아라곤의 피레네산맥에 있는 야생동물 공원인 라쿠니아차Lacuniacha로 이사시킬 수 있었다. 다행히도 어미는 그곳에서 새로운 새끼를 낳았고, 운이 좋은 새끼 곰은 그녀와 떨어지지 않게 되었다. 그들은 야생으로 돌아갈 수 없어서 여생을 그 공원에서 갇힌 채 살아갈 수밖에 없겠지만, 그래도 모든 곰에겐 해피엔딩이었다.

스페인에는 두 종류의 불곰이 있는데, 유라시아불곰Ursus arctos arctos과 칸타브리아불곰Ursus arctos pyrenaicus(이베리아불곰)이다. 비록 1973년부터 보호를 받는 종이었지만, 기후 변화와 인구 증가로 인해 멸종 위기에 처했다. 스페인과 북반구 광범위한 지역에서 가장 크고 상징적이며 인상적인 이 포유류에 대한 긍정적인 뉴스는 이제 찾아보기가 어렵다. 연구를 하면 할수록 남아 있는 곰의 수, 현재 상황과의 차이와 몇몇 정보들은 나를 더 혼란스럽고 걱정스럽게 만들었다.

찾은 자료를 살피다 보니 사람마다 요구하는 것과 관심 있는 부분이 다르다는 생각이 들었다. 어떤 사람들은 곰이 사냥꾼과 파렴치한 사람들의 공격을 받을 때마다 그저 방관하는 태도를 보이지만, 또 어떤 사람들은 수많은 상황에서 위험을 무릅쓰고 용감하게 끊임없이 지적해왔다. 분명한 사실은, 보존과 관리에 대한 법적 보호와 많은 투자 덕분에 그들이 여전히 먼 곳에서 생존하고 있다는 것이다. 하지만 이제는 너무 멀리 떨어져 있어서 우리 눈에 보이지 않는 곰이 된 것 같다. 그래서 우리는 그들이 누구인지, 어디에 있는지 잘 모른다.

우리는 곰의 맹렬함에 관한 이야기를 많이 들었다. 그들은 분명 기꺼이 새끼를 보호할 준비가 되어 있고, 배가 고픈 경우에는 다른 동물을 사냥하기도 한다. 하지만 그럴 때 분명한 의도를 갖고 행동한다. 자연스러운 행동을 조금만 관찰해보면, 그들이 우리에게 요구하는 것이 평화롭게 살도록 해주는 것임을 충분히 알 수 있다. 곰은 인상적이고 강한 동물이지만, 사람들과 멀리 떨어져 지내며, 과일과 꿀을 찾아 스페인 북부 멀리 떨어진 장소에 사는 걸 좋아한다.

한때 그들은 이 땅의 오래된 숲 모든 곳에서 살았지만, 이제는 칸타브리아산맥과 피레네산맥의 가장 황량한 지역에만 남아 있어 사람들 눈에 띄지 않게 되었다. 그들을 보호하고 감시하는 재단들만 그들이 어디에 있는지 가장 잘 알고 있다. 그러나 최근에는 곰에 대한 지식을 장려하기 위해서 일반인들도 볼 수 있도록 중요한 생태 관광 활동이 개발되었다. 물론 이 개발에도 찬반이 있지만, 나는 이 방법이 매우 유익하다고 생각한다. 친환경 관광 활동은 정부의 환경보호 정책에 변화를 줄 수 있는 유일한 경제활동이기 때문이다. 위험이 도사리고 있긴 하지만, 우선 그 결정에 축하의 말을 전하고 싶다!

'곰 만들기Hacer oso'('웃음거리가 되다'라는 뜻)라는 표현을 들어본 적이 있는가? 라틴 문화에 기원을 두고 있으며, 현재 스페인에서는 거의 사용되지 않는 말이다. 그 대신 라틴아메리카에서 현대 버전으로 '이런 곰을 봤나!Qué oso!'('정말 안됐다', '저런'이라는 뜻)라는 표현은 아주 흔하다. 이 표현은 서커스에서 전시된 곰 때문에 생겨났다. 서커스에서 곰은 때때로 인간처럼 옷을 입고 있거나, 우스꽝스러운 모자를 쓰고, 조련사에 의해 우스꽝스러운 춤과 묘기와 속임수를 보여주도록 강요당했다.

서커스에서 코끼리와 낙타, 야생 짐승이 전시되었던 기억이 아직도 생생한데, 당연히 그들 사이에 곰도 끼어 있었다. 서커스가 도시로 들어왔을 때, 그들이 거리를 지나 캐러밴에 들어가는 것은 정말 놀라운 광경이었다. 동물들이 들어 있는 캐러밴이 큰 새장처럼 변하자 나는 그들을 가까이 보고 싶었고, 들어가서 그 쇼도 보고 싶다는 마음이 간절해졌다. 그 당시는 지금과 달랐고, 부모님이나 나나 그들이 당한 학대와 고통을 알지 못했다. 하지만 다리나 목이 묶여서 자유롭게 움직일 수 없었던 장면은 어린 나의 마음 속을 흔들어놓았다.

아직도 그 장면이 마음에 박혀 있다. 노란 줄무늬가 있는 아주 큰 파란색 천막 안에는 중앙 무대를 둘러싼 높은 층계가 있었다. 세 개의 큰 작업대가 있었고, 그 위에서 코끼리 한 마리와 거대한 곰 두 마리, 사자를 향해 시끄러운 채찍을 휘두르는 조련사가 있었다. 그들은 명령에 따라 단상에 올라왔다가 춤을 추고, 돌고, 뛰어내렸다. 그들은 순종적이었지만, 증오로 가득한 그들의 눈빛을 똑똑히 기억한다. 조련사가 채찍을 정확히 내려칠 때, 피도 눈물도 없는 그를 경계하는 듯했다. 나는 조련사가 그들을 지배하기 위해 가했던 매질을 다시는 상상하고 싶지도 않고, 이런 종류의 전시회가 오늘날 거의 사라졌다는 사실이 매우 기쁠 뿐이다.

선사시대 이후 많은 문화에서 위엄과 무적을 상징했던 곰이 어떻게 이렇듯 즐거움의 상징으로 변하게 된 것일까? 나는 예상치 못하게 프랑스 역사학자 미셸 파스투로Michel Pastoureau를 통해 그 답을 얻었다. 그는《곰, 몰락한 왕의 역사L'ours. Histoire d'un roi dechu》(2008)에서 중세 시대 강력한 가톨릭교회가 어떻게 곰을 숭배하는 모든 사람에게 곰과의 전쟁을 선포했는지, 곰을 신성하며 위엄 있는 존재로 여기는 '이해할 수 없는' 이교도 관습과 의식을 제거하기 위한 캠페인을 어떻게 오랫동안 광범위하게 펼쳐왔는지 설명한다. 그렇게 그들은 곰 대신 사자를 이용하기 시작했다. 사자를 신성에 필적할 만한 특성이나 속성이 없는 가장 품위 있고 순수한 동물로 여겼기 때문이다.

5세기 이후 가톨릭교회는 그 '사악한 존재들'을 다스리는 위대한 책략가로서 성인들을 통해 곰을 악마로 만들고, 모욕을 주고, 정복하고, 마지막으로 길들이는 기술을 사용했다. 예를 들어 교황 베네딕토 16세의 문장紋章에는 말의 안장을 찬 곰이 그려져 있다. 이 문장은 성 코르비니안에게 경의를 표하며 만든 것으로, 전설에 따르면 곰이 그의 말 중 하나를 죽이자, 곰에게 로마로 자신을 태워 가라고 명령했다고 한다.

'우르숨 시밀로ursum similo'(곰을 닮았다)는 라틴어 어구이다. 사람들, 특히 어린이들이 할 수 있는 모든 나쁘고 괴상한 행동을 비난하는 말이다. 그러나 '곰 만들기'라는 오늘날의 표현은 광대와 곡예사가 함께하는 순회공연에서 아주 흔하게 곰이 전시되던 12세기에 큰 힘을 얻었다. 그렇게 그들은 서커스 동물로 변하게 되었다.

가톨릭교회는 곰을 불신하게 만드는 데 성공했다. 13세기에 이르러 귀족들은 전통을 바꾸었다. '고귀한 사냥'의 대상은 주로 사슴이 되었고, 곰은 사냥할 가치조차 없어졌다. 그런 식으로 곰은 더 이상 문장에 사용되지 않았고, 베른, 베를린, 마드리드와 같은 몇몇 도시에서만 사용되었다. 마드리드 문장에 나타나는 곰은 알폰소 11세 왕이 쏘아 죽인 곰이라는 슬픈 영광을 기념한다.

이런 슬픈 역사도 있지만, 나는 마드리드가 자랑하는 곰과 산매자나무 동상이 스페인 숲을 지배했던 가장 거대한 동물을 위엄있게 보여준다고 생각한다. 40년 전, 위대한 펠릭스 로드리게스

데 라 푸엔테Félix Rodríguez de la Fuente(스페인 유명한 자연주의자이자 환경운동가)는 이미 그의 다큐멘터리에서 실제로 한 종이 쇠퇴기에 있다고 경고했다.

40년이 지난 지금, 큰곰은 여전히 산속 가장 깊은 곳에 살고 있다. 많은 위험에도 불구하고 NGO(비정부기구)는 그들을 위해 수많은 노력을 기울이고 있으며, 그 덕분에 개체 수가 약간 증가했다. 특히 지방에서는 곰의 이미지를 개선하고 인식을 높이는 것이 어렵고 앞으로도 갈 길이 멀겠지만, 그래도 여전히 희망은 있다!

14

잠자리 — 전쟁을 거부한 화살

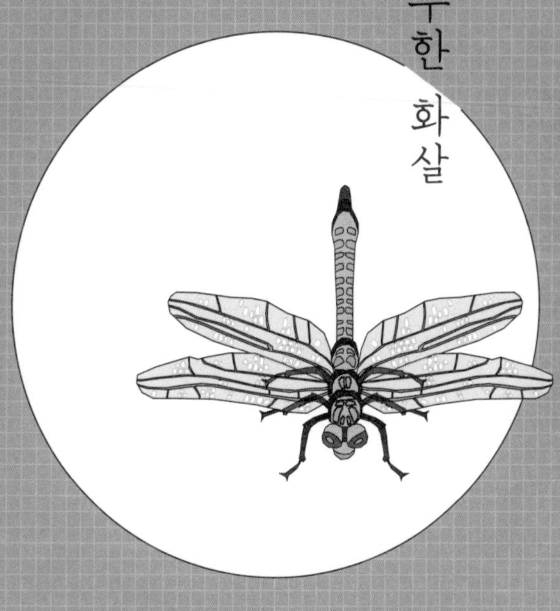

곰에 관한 이야기를 하다 보니, 멋진 다큐멘터리 속에서 울창한 숲을 자유롭게 헤매다가, 동면하기 전 매우 차가운 강물을 뚫고 수많은 연어를 먹어 치우던 그들의 모습이 떠오른다. 아주 가까운 곳에서 까마귀와 여우가 곰이 남긴 음식을 차지하려 싸우고, 아름다운 대머리독수리는 그곳에 사는 큰 물고기를 잡고 있다. 그러다가 문득 이런 생각이 들었다. "같은 장면을 작은 세계로 옮겨가보면 어떨까? 연못과 강, 저수지의 작지만 풍부한 양식을 먹어 치우는 '멋진' 포식자들은 과연 누구일까?" 그건 바로 잠자리다!

그렇다. 우리는 보통 잠자리와 실잠자리를 알고 있는데, 그들은 집과 책장을 장식하는 놀라운 날개와 아름다운 색상을 지니고 있다. 행운을 가져다주는 펜던트나 귀걸이를 달고 다니듯이, 그들을 자랑스럽게 몸에 올리고 다니기도 한다. 하지만 왜 그들이 어디에서 왔는지, 무엇을 먹는지, 또 어디에 사는지는 생각해보지 않는 걸까?

우선 잠자리와 실잠자리의 중요한 차이점부터 이야기해보자. 둘 다 잠자리목Odonata(오도나타)에 속하는데, '오도나타'는 '이빨들을 지닌'이라는 뜻이다. 실제로 그들은 작은 이빨들이 달린 강력한 턱으로 이루어진 얼굴을 갖고 있다. 잠자리목은 실잠자리아목Zygoptera과 잠자리아목Epiprocta이라는 두 개의 하위 항목으로 나뉘는데, 날개 모양으로 구별된다. 이들을 구별하려면 날개의 위치를 살펴보면 된다. 앉아서 쉴 때 잠자리는 항상 날개가 열려 있지만, 실잠자리는 몸통 위에 날개를 접는다.

잠시 내가 말하는 것과 비슷한 세상을 상상해보길 바란다. 깨끗한 알래스카 숲까지 갈 필요는 없다. 그저 차창을 통해 볼 수 있는 조용한 연못이나 강을 떠올려보자. 가까이 보기 위해 다가가거나 멈춰서는 일은 거의 없었을 것이다. 더 간단하게는, 사람이 직접 만들었든 아니든 가축이나 야생동물이 물을 마시는 곳 또는 관개 연못을 생각해봐도 좋을 것 같다. 그곳에도 물과 생명이 가득하기 때문이다. 물 밖에서와 마찬가지로 물 안에도 생물들이 산다. 비록 그들은 작지만, 활동만은 식물들 사이에 숨어 있다가 커다란 포식자 물고기부터 거의 눈에 띄지 않는 작은 서식지의 많은 생물까지 사냥하는 새와 견줄 만하다.

내가 태어난 1974년에 저명한 자연주의자이자 연구자, 환경교육자가 세상을 떠났다. 그리고 30년 후, 고래와 바다거북에 관한 내 작업에 매력을 느낀 익명의 캐나다인 관광객이 내게《숲과 바다The Forest and the Sea》라는 책을 선물로 주었다. 그는 밤에 호텔방에서 내려와 해변에 있는 내게 다가왔고, 내가 천천히 알을 낳는 거북이를 돌보는 동안 옆 모래 위에 앉아 감히 값을 매길 수 없는 보물 같은 책을 주었다. 나는 그 책을 쓴 마스턴 베이츠Marston Bates〔미국 동물학자로 모기에 대한 연구는 남미 북부 황열병의 역학에 대한 이해에 기여했음〕가 밀림과 암초같이 가장 이질적인 자연 요소를 바라보고 연결하는 매우 특별한 방법이 있다고 확신했다. 내 생각은 틀리지 않았는데, 책을 읽은 후 자연을 해석하는 그의 특별한 방법에 매료되었다. 그 책을 보다가 잠자리가 사는 세상에 대해 내가 생각하고 느끼는 것을 설명하는 데 가장 적절한 표현을 발견했다. "연못은 아주 작은 것에 대한 매력을 품고 있다. 그들은 물가와 바닥, 표면으로 제한된 세상을 만든다. 크기가 작으므로 이해하고 설명하고 분석하기 쉬운 것처럼 보이는 세상." 그러나 그는 연못이 자신의 이해를 넘어서는 신비로운 곳임을 인정한다. 물의 표면은 상상력 없이는 통과할 수 없는 장벽을 뜻하기 때문이다.

이 훌륭한 설명은 질병 전달자인 모기를 연구하는 전문가에게서 나왔다. 분명 그는 모기를 비롯한 수생 애벌레와 일하면서, 변덕스러운 비 덕분에 생명을 유지하는 단순하고 작은 웅덩이를 포함한 놀라운 연못 세계를 가까이에서 보고 평가할 기회를 얻었을 것이다. 보통은 이러한 수역이 더러운 모기 번식지와 질병의 근원에 지나지 않는다는 말을 많이 듣는다. 그래서 해충이 생기지 않게 하려고 배수하거나, 토양으로 채우자는 결정을 내릴 때도 있다. 그러나 호수와 개울, 빗물이 흐르는 땅, 도랑, 물통, 또는 여물통을 비롯해, 가장 작고 우리가 중요하게 생각하지 않는 임시 수영장조차 신비롭고 아주 작은, 그리고 거의 마법에 가까운 생명을 품고 있다. 그곳이 바로 소우주인 셈이다!

무지갯빛 날개를 가진 우리 주인공에게 다가가기 전에, 먼저 비가 내린 연못에 사는 존재들을 주의 깊게 관찰하는 일에 초대한다. 이를 위해서는 우선 '오스카르의 안경'(아내가 종종 부르는 이름이다)을 써주길 바란다. 이는 의지와 인내라는 합금으로 만들어진 보이지 않는 안경이다. 이걸 쓰면 작은 것, 보통은 보이지 않지만 거기에 있어서 우리가 발견해주길 바라는 작은 존재들을 볼 수 있을 것이다.

자, 첫날 연못 속에 동물들이 신비롭게 등장한다. 일부는 원하지 않은 방식으로, 다른 일부는 자신들만의 방식으로, 다른 일부는 갈증을 해소하기 위해 순진하게 접근하는 새와 곤충처럼 이곳에 도착한다. 안경의 효과를 보기 위해서는 인내심이 필수라서 필요한 경우 편할 대로 더 가까이 다가가도 된다. 그 속에서 미친 듯이 미세생물을 먹어 치우느라 계속 오르락내리락하는 모기 유충들을 볼 수 있을 것이다. 마치 물고기 같다! 또한 잠자리가 물 표면에 얼마나 빠르게 접근하는지, 그리고 날아다니는 동안에는 반복적으로 꼬리를 물에 넣는 모습도 보게 될 것이다. 이는 알을 낳는 광경이다.

다음 날 오후, 다시 가까이 다가가 침착하게 지켜보시라. 마치 작은 오리들처럼 수영하고 잠수하는 호기심 많은 딱정벌레와 노린재목〔노린재류, 매미류, 진딧물류를 전부 포함하는 분류군. 찔러서 빨아먹는 입 틀로 식물의 수액이나 동물의 체액을 섭취함)을 보게 될 것이다. 나는 그들이 슈퍼 히어로라고 생각하는데, 세상 모두가 그들처럼 하고 싶어 하기 때문이다. 맨몸으로 다른 곳으로 날아갈 수 있기를 바라는가? 물에 젖지 않은 채 물속으로 뛰어드는 건 어떤가? 그들은 물과 친하지 않은 '완벽한 소수성疏水性' 곤충으로 불리지만, 상상도 할 수 없는 일을 해내기 때문이다. 잠수할 때는 우주복이나 잠수복을 착용한 것처럼 보호해주는 미세한 공기층 덕분에 절대 건조 상태를 유지할 수 있고, 수중 호흡도 가능하다. 그들이 수영장에 빠진 모습을 보고 우연히 물에 빠졌다고 생각할 수도 있다. 그래서 그물로 건져 잔디밭에 던졌을 것이다. 하지만 그들은 기적적으로, 그리고 순식간에 날아가서 평화롭게 수영할 수 있는 다른 곳을 찾는다!

다음 날 다시 연못으로 돌아가 살펴보자. 이 특별한 안경으로 잘 살펴보면, 발이 젖지도 않은 채 계속 물 위를 걷는 벌레가 있다는 걸 알게 될 것이다. 소금쟁이이다. 몸 크기의 세 배나 되는 다리를 스케이트처럼 이용해, 문자 그대로 눈에 보이지 않을 만큼 순간 점프하며 아주 빨리 이동한다. 반면 어떤 곤충은 훨씬 작고 둥글며, 멀미가 나거나 목이 삘 정도는 아니지만 재미있는 범퍼카들처럼 서로 빠르게 부딪히며 현기증 나는 원을 만드는 것을 좋아한다. 그들이 수영할 때 물 위에 글씨를 엉망으로 쓰는 것처럼 보여서 물맴이 또는 '에스크리바노스escribanos'(우리에게 써주세요)라는 이름으로 불리는 것 같다. 또한 그들의 눈은 물 위아래를 모두 볼 수 있어서 먹이를 찾는 동안 포식자로부터 자신을 보호하기에 편리하다.

이들을 비롯해 웅덩이의 다른 많은 곤충들은 우리가 싫어하는 모기 유충을 먹어 치우기 때문에, 작지만 꽤 위대한 우리의 동맹자들이다. 몇 주 후, 이 작은 연못은 진짜 생태계이자 아주 작지만 매우 복잡한 우주로 변한다. 운이 좋으면 올챙이 몇 마리와 달팽이, 그리고 도롱뇽까지 나타나고, 한쪽에는 갈증을 해소하려는 새들도 날아올 것이다.

잠자리와 실잠자리는 어떨까? 연못 가까이 다가가면 날아다니는 걸 보겠지만, 그건 다 컸을 때다. 그들이 우리 눈에 띄지 않을 정도로 작을 때도 어떤지 보고 싶다. 보통은 우리가 잘 아는 민첩하고 화려한 어른 잠자리가 되기까지 수년 동안의 단계는 잘 기억하지 않는다. 그러나 이쯤 되면 모든 연못 거주자와 가끔 찾아오는 방문객과도 친해졌을 것이므로 찾아내기 별로 어렵지 않을 것이다.

물 아래에 숨겨져 있는 것에 집중하기 위해서는 걱정 말고 마법의 안경을 다시 써주길 바란다. 저기 무성한 잎들과 식물들, 바위들 사이에서 움직이고 있다! 어쩌면 알아채지 못할 수도 있다. 날아다니는 모습이 아니라, 새우와 랍스터가 뒤섞인 작은 미니어처 랍스터처럼 보이기 때문이다. 일반적인 바퀴벌레 유충은 더 가늘고 꼬리에 깃털이 있지만, 잠자리 유충의 깃털은 더 통통하다. 그들은 연못 깊은 바닥을 천천히 걸어 다니고, 올챙이가 가까이 지나가면 관절로 이루어진 입에서 끝이 강력한 집게로 된 거대한 팔 같은 게 나와 놀라운 속도로 올챙이를 먹어 치운다. 그저 아래

턱이지만, 마치 사람이 팔을 내밀어 작별 인사를 하는 것 같아 약간 겁이 난다. 그나마 아주 작은 게 불행 중 다행이다!

어른 잠자리가 되라는 자연의 부름을 느끼는 날이 오면, 물에서 나와 가지까지 기어 올라가 나비 유충들과 비슷한 느린 변태 과정을 겪는다. 조금씩 더 커지고 굳어질 때까지 수축했던 날개를 조금씩 부풀린다. 대부분의 잠자리 종은 몇 주 동안만 살며, 자신들의 삶이 매우 짧다는 걸 잘 알고 있다.

따라서 번식하는 일을 포함해 매일매일 즐기는 일에 전념하는 것은 그리 놀라운 게 아니다. 양좀이나 도마뱀붙이와 달리, 잠자리와 실잠자리는 번식 기술을 다양화했기 때문에 모든 부분에서 단순하지 않다. 수컷은 실제 에어쇼 같은 정교한 예비 의식을 거행하고, 어떤 경우에는 아름다움 그 이상의 가치가 있는 기술을 부릴 때 촉각을 사용한다. 물론 이는 암컷이 받아줘야 하는 거고, 그렇지 않을 경우 공식적인 거부에 해당한다. 곧잘 그렇듯이 수컷들은 너무 고집이 센데, 암컷들이 관계를 피하기 위해서는 다른 선택의 여지가 없다. 죽은 체하는 수밖에!

그러나 모든 과정이 잘 진행되면 교미가 된다. 보통 10~15초 정도 이어지는데, 6시간이 걸릴 수도 있다! 일반적으로는 처음에 수컷이 꼬리로 암컷의 머리 뒷부분을 꽉 붙드는데, 이것을 '탠덤 tandem'(일렬로 나란히 이어진 두 개체의 상태나 이를 일컫는 모습)이라고 한다. 그들은 한 장소에서 다른 장소로 함께 날 수 있는 일종의 '작은 기차'를 만들기 때문이다. 절정의 순간에 그들은 원 모양을 만드는

데, 동물의 유연성 측면에서 기록을 세우는 것 외에도 가끔 자신들을 관찰하는 사람들에게 하트 모양을 선물하기도 한다. 이 얼마나 로맨틱한가! 번식 경쟁이 치열해지면서 우리의 용감한 수컷 친구들은 다른 수컷이 암컷을 채가지 않도록 암컷이 알을 성공적으로 낳을 때까지 보호하고 함께해준다. 어떤 수컷들은 암컷의 의지에 따라 탠덤 자세를 유지하기를 선호하며, 알을 낳기 위해 물속에 몸을 담글 때조차 몸을 연결하고 있다.

상상하기 어렵겠지만, 약 3억 2000만 년 전에 이미 늪 위로 날아다니는 잠자리들이 있었다. 그들은 오늘날 날아다니는 잠자리들과 매우 비슷하지만, 어른 잠자리의 양 날개폭은 70센티미터나 된다! 우리가 그 당시에 살았더라면, 그 크기로 날아가는 게 보이면 피하려고 빨리 달릴 수밖에 없었을 것이다. 물론 그들을 피해서 물속으로 들어가면, 분명 강한 턱을 가진 유충의 입에 또다시 놀랄 것이다.

우리는 잠자리를 늘 연못과 연관시키지만, 사실 어른 잠자리는 물에서 멀리 떨어져 있을 수 있다. 실제로 매우 건조한 사막 지역을 포함해 거의 모든 곳에서 볼 수 있다. 때로는 말라비틀어지고 누렇게 뜬 한여름 지중해 산림 사이를 강아지들과 산책하다 보면, 외로운 잠자리가 나뭇가지에 앉는 것을 발견하게 된다. 어느 날에는 셀 수도 없을 정도로 수많은 잠자리를 만나기도 한다. 그들은 쉬지도 않고 2~6미터 높이에서 날면서 모기를 쫓고 먹으며 시간을 보내기 때문이다. 다음 날에는 다시 한 마리도 볼 수 없을 때도 있다. 근처 저수지에서 알을 낳고 있을 수도 있지만, 모험을 갈망하고 자기 비행 능력을 테스트하며 다른 곤충보다 더 멀리 여행하고 있을 가능성이 크다. 그래서 철새라고 부르기까지 한다.

지중해 지역은 이동 중인 잠자리를 보기에 이상적인 장소이다. '사막의 다터Sympetrum sinaiticum, desert darter'와 '오렌지색 강하 날개Trithemis kirbyi, orange-winged dropwing'처럼 아프리카와 아시아를 건너 스페인 남동쪽에 정착하는 잠자리들이 있다. 그러나 가장 신기한 종은 이른바 '방랑하는 황제Anax ephippiger'라고 불리는 잠자리로, 남아프리카에서 북유럽까지 이주하는 3세대 중 일부로 보인다. 최근 몇 년 동안 발견된 그들의 어마한 장거리 여행 능력과 놀라운 저항력을 말하려면, 전체 대양을 횡단할 수 있는 된장잠자리Pantala flavescens 이야기도 빼놓을 수 없을 것 같다. 여전히 풀어야 할 미스터리가 많지만(예를 들어 경로와 이동 시간), 유전자 분석 결과 그들은 모두 인도 남부 출신의 주민으로 '세계 여행가 잠자리'라는 이름을 얻을 만하다. 몇 주 안에 유충은 어른이 되고, 그때부터 항상 물을 찾아 번식하기 위해 아주 높이 날며 여행한다. 따라서 바람만 잘 이용하면, 인도에서 태어난 잠자리는 아프리카나 북미에서 태어난 다른 잠자리와 함께 번식할 수 있다. 사람들은 그들의 큰 비밀이 넓은 날개에 있다고 하지만, 내가 볼 때 그들은 이 세상이 사람들 생각처럼 크지는 않다는 걸 깨달았고, 그것을 증명하기 시작한 것 같다. 이 의지의 화신들에게 우리가 얼마나 더 배워야 한단 말인가!

하지만 우리가 감탄하는 건 그 때문만이 아니다. 감탄이 숭배로 바뀔 만큼 그들의 아름다움과 신비는 우리를 사로잡는다. 오늘날 잠자리가 유행인데 혹시 눈치챘는가? 그들은 행운과 자유를 가져오는 부적처럼 수많은 예술과 장식, 보석 작품을 만드는 데 영감을 준다. 하지만 많은 유행이 그렇듯, 이것이 처음은 아니다. 기원전 2700년부터 수메르인은 잠자리의 행동과 수명 주기, 이주를 관찰해 시로 표현했다. 반면 일본인은 고대부터 행복과 힘, 용기와 우아함의 상징으로 숭배했다.

그 카리스마와 아름다움 덕분에 그들은 나비와 새만큼이나 높게 평가받고, 자연 사진가들이 선호하는 동물들 사이에서 꽤 높은 자리를 차지한다. 이 때문에 전 세계에는 일본과 영국, 미국처럼 곤충을 관찰하고 사진 찍을 수 있는 특별한 성소들이 있다. 또한 개인 정원에 연못을 만들어 그들을 끌어들이고, 감탄하며 바라보는 경향이 커지고 있다. 여러분은 어떤지 모르지만, 나는 그들이 가지에 앉아 쉬는 모습을 지켜보는 게 너무 좋다. 바로 그때가 이 만남을 영원히 사라지지 않게 해줄 사진을 찍기 전, 그들의 아름다움을 관찰하고 이상적인 각도를 찾을 수 있는 최적의 시간이기 때문이다. 만일 넓은 정원이 있었다면, 분명 그들을 좀 더 가까이에서 보기 위해 개조했을 것이다. 잔잔한 강이나 고요한 호수에 앉아 마음을 치유하고 감정의 균형을 잡는 것보다 더 나은 치료법은 없기 때문이다.

균형에 대해서 그들의 이름은 무엇을 말해주는 걸까? '잠자리 libélula'의 뜻은 날아다니는 것만 봐도 완벽히 이해된다. 이는 라틴어로 '저울'을 뜻하는 단어에서 유래했는데, 최대한 부동자세로 날고, 완벽한 균형을 유지하는 놀라운 능력을 갖추었다는 뜻이기 때문이다. 그러나 움직이지 않는 그 찰나의 순간에 속지 말길 바란다. 다른 잠자리가 나는 것을 보거나 먹을 수 있는 어떤 곤충이 나는 걸 보면, 즉시 최대 시속 98킬로미터의 속도로 빠르게 날아갈 것이기 때문이다!

'실잠자리caballito del diablo('악마의 조랑말'이라는 뜻)라는 이름의 기원은 한층 더 신비롭다. 어떤 사람들은 그들이 세상을 더 비참하게 만들기 위해 지옥에서 부름을 받아 왔다고 믿었다. 칸타브리아 전설에 따르면 그들은 실제로 죄 때문에 영혼을 잃어버렸고, 곤충의 모습으로 이 땅을 돌아다니라고 선고받은 인간들이다. 종종 그렇듯 두려움과 무지가 사물에 대한 우리의 이해를 흐리게 하는 때도 있었다. 나는 인도 버전이 맘에 드는데, 그에 따르면 잠자리는 다른 사람으로 환생하기를 바라는 인간의 영혼이다. 왜 '조랑말'이라고 부르는지에 대한 또 다른 설명도 있다. 사람들은 그들의 다리가 말처럼 매우 길어서 그 이름이 유래되었다고 믿는다. 나뭇가지에 앉은 모습을 보면 그들의 다리가 말의 다리와 얼마나 비슷한지 확인할 수 있을 것이다. 나는 그것들이 안쪽으로 구부러져 있어 바구니 모양과 비슷하다고 생각하긴 하지만.

그나마 이 둘이 가장 많이 알려진 이름이지만, 이것들 외에도 지역과 언어에 따라 더 많은 이름이 있다. 그중 일부 이름은 여전히 '눈빠짐sacaojos'(크고 튀어나온 눈 모양 때문에), '램프candiles'(빛의 각도에 따라 색이 변하는 걸 보고) 또는 '바늘agujas'(몸이 길고 가늘어서)처럼 불합리하고 단순한 생각으로 가득 차 있다. 그러나 때때로 '젖은 엉덩이mojaculos'(습한 곳에 서식하고 보통 물에 접근하며 엉덩이가 젖어 있는 것처럼 보이기 때문에), '담배cigarrones', '작은 비행기avioncitos'처럼 인간의 상상력의 흔적을 남긴 이름을 사용하기도 한다.

나는 그들을 수준 높은 사냥꾼이라고 생각할 뿐만 아니라 시력과 장거리 여행 능력도 참작해 강력한 독수리에 비교하기도 한다. 혹시라도 가까이에서 본 적이 있다면, 머리에서 가장 눈에 띄는 건 누가 뭐래도 눈이었을 것이다. 크고 굴곡진 눈은 '상相'이라 불리는 3만 개의 작은 눈으로 이루어져 있고, 무려 360도에 가까운 시야를 확보하며, 20미터 거리에서도 먹이를 탐지할 수 있다. 그들의 크기를 고려할 때, 2밀리미터도 채 안 되는 곤충들을 사냥할 수 있다는 사실은 시력이 얼마나 좋고 예리한지 짐작하게 한다. 잠자리도 영장류와 마찬가지로 '선택적 주의력selective attention'(환경으

내가 가장 좋아한
열대 지역에 사는 핑크색 잠자리.

로부터 입력되는 다양한 정보 중 특정 정보에 주의하는 것으로 현재 자신에게 필요한 정보를 선택하는 능력]이 있다. 이는 주의를 흐트러뜨리는 게 있어도 신경 쓰지 않고 무언가에 집중할 수 있는 능력을 말해줄 뿐만 아니라, 이 곤충의 엄청난 두뇌 능력을 보여준다.

전설에 따르면, 신들은 지구를 만든 후에 방문하기로 했다. 그런데 지구를 본 신들은 너무 놀라 서로 가지려고 싸우기 시작했다. 그 험악한 싸움에서 화살들도 쏘았는데, 이것들이 가장 아름다운 호수를 지나면서 생명력을 얻어 잠자리 모습으로 변했다. 잠자리들은 그곳의 아름다움을 노래하면서 서로 싸우지 않기로 했고, 그렇게 그곳에서 살기로 했다. 이들을 보고 깨달음을 얻은 신들은 자신들의 세속적 욕심을 부끄러워하며 왕국으로 돌아갔다. 그리고 모든 사람이 살 수 있도록 지구를 떠나기로 했다. 그 이후로 잠자리는 가장 높고 고귀한 미덕을 보여주는 대표적인 동물이 되었다. 사람들은 그들의 날개에서 그들이 왔던 하늘의 무지갯빛을 여전히 볼 수 있다고 말한다.

내 상상일 뿐이지만, 이 이야기에도 어느 정도 진실이 숨겨져 있다고 생각한다. 어쩌면 그들이 가끔 나뭇가지 위에서 멈춰서는 이유가 우리 지구의 비교할 수 없는 아름다움에 감탄하고, 자유롭게 날아다니는 게 행운임을 기억하기 위해서인지 모른다. 우리도 그렇게 해야 하지 않을까?

15

악어 — 다시는 귀찮게 하지 않을게

잠자리가 나비에게 "연못의 가장 큰 장점은 생명을 만드는 마술이야"라고 말했다. 해안가에서 쉬던 큰 악어가 잠자리의 말을 들은 체 만 체하며 날아다니는 나비를 쳐다보았다. 그러면서 대신 "진짜 마술은 생명을 만드는 게 아니라, 그것을 유지하는 거지"라고 대꾸했다.

잠자리와 악어 사이의 깊은 대화는 환상 문학책이나 좀 더 전문적인 과학적 또는 철학적 공상 책에서나 나올 만한 이야기이다. 아니면 좀 더 전문 장르의 책에 나올 수도 있을 것 같다. 그러나 정말 이 두 동물이 이야기하고 토론할 수 있다면, 두 주장 다 각각 일리가 있다. 하지만 내가 볼 때는 악어의 대답에 더 깊은 철학적 생각이 담겨 있는 것 같다. 아마도 악어가 놀랄 정도로 냉혹한 삶의 환경들에서 중요한 교훈을 얻었기 때문이 아닐까.

비록 스페인 고유종은 아니지만, 동물원에서 몇 시간째 꼼짝도 하지 않고 일광욕을 하며, 그래서 동물 중에 가장 지루한 삶을 살 것만 같은 그 동물 이야기에 이번 장을 할애하기로 했다. 하지만 그들과 함께 살거나 종종 가까이 할 기회가 있을 때 살펴보면, 그들이 진정한 자연의 생존자이고, 아름다운 다른 많은 종과 있을 때는 보지 못했던 애정과 헌신이 있음을 깨닫게 된다. 그러나 훌륭하고 모범적인 삶에도 불구하고 우리에게는 악마 취급을 당하거나 멸시를 당해왔다. 물론 그들이 충동적이고 즉각적인 공격을 할 수 있는 건 사실이다. 하지만 이는 그들이 사는 곳, 즉 먹기 위해 모든 기회를 다 이용해야 하는 곳에서 적응한 결과이다. 무례하고 거칠어 보이며 무표정한 악어들은 곰처럼 인간과의 대면을 피하고, 가능한 한 멀리 떨어져 사는 것을 선호한다. 사는 방식만 보면 곰과 악어는 매우 비슷하다.

나와 아메리카악어Crocodylus acutus의 첫 만남은 생물학도 시절, 푸에르토바야르타로 이사하고 얼마 안 되었을 즈음 이루어졌다. 당시 그들을 자주 봤는데, 사람과 대면하지 않고 조용히 살 수 있는 장소가 지금보다 훨씬 더 많았기 때문이다. 나는 자연 풍경이나 동물을 촬영하기 위해 자주 정글이나 맹그로브 숲의 젖은 가장자리를 탐험했다. 장마철이었던 그날도 완벽한 사진을 찍기 위해 아름다운 빨간 잠자리를 쫓고 있었다. 그곳이 어디든 그 잠자리를 졸졸 따라다녔다. 한 시간 동안 인내하며 기다린 결과, 수로 가장자리에 있는 맹그로브 나무의 가지 위에 앉은 잠자리를 발견했다. 조명은 그야말로 최상이었고, 남은 문제는 이상적인 각도를 찾는 거였다. 그러기 위해서는 물속에 조금 몸을 담가야 했다.

그곳이 낯설었지만, 마음을 굳게 먹고 무릎을 꿇은 뒤 사진 찍을 준비를 했다. 그때 누군가가 쳐다보는 듯한 느낌이 들면서 무의식적으로 주변을 둘러봐야겠다는 생각이 들었다. 하지만 물속을 들여다보기 전에는 이상한 점을 찾지 못했다. 그래서 몸의 절반은 물속에 담그고, 절반은 강가에 몸을 기대고 있었는데 한 1미터 정도 떨어진 곳에 악어 머리와 앞다리가 보였다. 녀석이 나를 뚫어지게 쳐다보고 있었다. 생전 처음으로 야생 악어를 직접 보았다! 나는 예상치 못한 만남에 너무 무서워서 도망치려고 땅 위로 뛰어올랐고, 내 움직임을 보던 악어도 민첩하게 반대편으로 뛰어들더니, 격렬하게 흔들리는 물속으로 사라졌다. 아마 그 악어도 나만큼이나 무서웠던 것 같다. 불행 중 다행으로 그 악어의 크기는 1미터 반 정도로 그리 크지는 않았다. 우리는 둘 다 운이 좋았다. 악어에겐 사냥꾼이 아닌 나를 만난 것이, 나에겐 악어가 나를 사냥할 만큼 크지 않았다는 것이 천만다행이었다.

그 후 대학 안에 살았던 악어 한 마리를 통해 2년간 악어를 다루는 경험을 쌓았는데, 매일 먹이를 주며 돌보는 일에 참여했다. 새끼 수를 조사하기 위해 종종 작은 알루미늄 보트를 타고 맹그로브 숲 안으로 들어갔고, 식물로 뒤덮인 좁은 통로를 밤에 탐색한 적도 있다. 특히 보카네그라Boca Negra('검은 입'이라는 뜻)강 어귀에 들어가는 것은 꽤 큰 모험이었는데, 그 이름만 들어도 이미 신비로운 분위기가 맴돌았다. 우리는 작은 손전등과 긴 막대기로만 무장했는데, 가진 것 중에 가장 오래된 옷을 입고, 악취 나는 검은 진흙으로 몸을 칠하며 말 그대로 모기 구충제 10만 리터로 목욕을 했다. 몸에서 진흙과 섞인 구충제 냄새가 진동했지만, 모래파리 Phlebotomus papatasi(보통 모기보다 더 작은 쌍시류 곤충으로 서인도제도와 아마존 밀림 지역에 많음)를 막아내기에는 역부족이었다. 이들은 아주 작고 눈에 거의 보이지 않는 모기들로, 물리면 고통이 너무 심해서 날아다니는 피라냐처럼 무시무시해 보였다.

그 야간 투어에서 나는 위대한 스승 파비오 쿠풀Fabio Cupul을 비롯해 가장 경험 많은 동료들의 말을 잘 들으며 조용히 노를 저었다. 빛으로 악어의 눈을 부시게 해 잡는 흥미로운 기술 외에도 몰래 꼬리에 표시하는 방법을 배웠고, '이구아나 비lluvia de iguanas'라는 이상한 현상을 직접 경험하기도 했다. 이는 예상치 못한 우리의 방문에 놀란 이구아나들이 자고 있던 나무에서 말 그대로 비처럼 떨어지는 현상을 말한다. 4~6미터 높이에서 떨어지는 1미터 크기에 1킬로그램 넘는 이구아나를 머리로 받는 것은 전혀 재미있거나 유쾌한 경험이 아니었다. 하지만 머리를 약간 숙인 채 계속 노를 저었다. 운 좋게도, 이구아나는 유연성이 뛰어나고 낙하에 강하다. 적어도 나는 그들이 내 단단한 머리에 떨어져도 다치지 않을 거라 확신했다.

학업을 마칠 무렵, 동료 두 명은 악어를 전문으로 연구하게 되었다. 반면 나는 아무리 그들의 모습을 찍는 게 좋아도, 유명한 호주 출신 환경운동가 스티브 어윈Steve Irwin처럼 악어를 제압하려고 등 위에 올라탈 때 몸속에 솟구치는 아드레날린의 느낌이 너무 싫었다. 어쨌든 종을 불문하고 동물들을 붙잡는 그의 기술이 엄청난 건 사실이다. 아무튼 나는 악어를 그리 좋아하지 않았고, 물려서 팔을 잃고 싶지도 않았다. 악어를 돌보는 일에 참여했을 때도, 그들을 꼼짝 못 하게 하는 다양한 방법들에는 동의하지 않았다. 내가 보기에 그 방법들은 좀 과했기 때문이다. 그래서 그들과 격렬한 토론을 하고 난 후 다시는 거기에 참여하지 않기로 했고, 이후 오로지 사진 찍는 일에만 전념했다.

당시 나는 다른 어떤 것보다도 암초 물고기에 관심이 많았다. 그래서 많은 시간 물에 잠겨 물고기 수를 조사했다. 그때 내 소원은, 만약 죽는다면 상어의 밥이 되는 거였다. 그런데 바다거북과 고래를 만난 후에는 원하는 죽음이 바뀌었다. 지금은 큰 혹등고래가 멋진 점프를 한 후 나에게 떨어졌으면 하고 바란다. 그런데 참 신기하다! 운명의 장난으로 그렇게 원하던 상어는 날 공격하지 않았고, 내 팔을 문 건 상어가 아니라 바다거북이었다. 그리고 그나마 다행이었던 건, (몇 미터 되지 않았지만) 말 그대로 큰 고래가 나에게 떨어지려 할 때 달아났다. 이 이야기를 시작하면 너무 길어질 것 같으니, 다시 악어의 세계로 돌아가보자. 한 악어가 아니었다면, 나는 이 책을 쓰지 못했을 가능성이 크다. 그 녀석은 내가 최악의 바보 같은 계산 착오를 저질렀는데도 내 삶을 앗아가지 않았다.

때는 바야흐로 2006년, 그 당시 이미 나는 여름 내내 바다거북에 완전히 빠져 있었다. 그해여름 바다거북 수십에서 수백 마리가 해변의 따뜻한 모래 위로 알을 낳으려고 나왔다. 그날 밤은 초승달이 떴는데, 거북이들은 어두워서 제대로 활동할 수가 없었다.

그들은 자연광이 너무 세거나 너무 약할 때는 달밤을 선호했다. 전날 밤과 마찬가지로 내 본부가 있던 호텔의 손님들은 바다거북이 알을 낳는 것을 보기 위해 해변으로 내려왔다. 하지만 그 밤에는 단 한 마리도 나오지 않았다. 마침 해변을 따라 도보로 몇 킬로미터 떨어진 곳에 빽빽한 맹그로브 늪이 있었다. 나는 호텔의 객실 손님들과 꽤 관계가 돈독했는데, 그들은 뭔가를 배우고 싶어 하는 마음이 컸다. 그래서 그들을 데리고 바다거북 대신 악어를 보러 갔다. 가는 동안 주변에 바다거북이 있는지 계속 둘러보라고 말했다.

우기 철에 강물이 넘치면 해변에 악어가 나타나는 건 아주 당연한 일이었다. 나는 그때마다 앞장서서 갔다. 평소에는 찾기 힘든 달랑게를 쫓는 아름다운 해오라기를 구경하며 멋진 산책을 한 후, 근처에 있는 골프장에 도착했다. 보통은 녹색 잔디를 깔며 골프장을 만들 때 주변 환경을 파괴하지만, 이곳은 예외를 보여주는 곳이었다. 해변 바로 옆에 있는 골프장은 맹그로브 숲의 나머지 부분과 연결된 자연 호수 두 곳을 품고 있는데, 소유주는 무슨 일이 있어도 그 지역을 건드리지 않으려고 애를 썼다. 그래서 골프장 크기는 줄었지만, 고유의 아름다운 식물이 자라며 특이한 자연의 매력을 간직한 곳이 되었고, 골프를 치는 사람들과 바닷새들, 이구아나들과 악어들이 이상한 조화를 이루며 공간을 나누어 쓰게 되었다. 나는 그곳에 살았던 악어들에 대해서 잘 알고 있었다. 일부는 길이가 3미터 이상으로, 원할 때마다 편하게 해변을 출입

했다. 거대한 보카네그라강의 어귀에 사는 다른 동물 주민들과도 좋은 관계를 유지하고 있었다.

그래서 그곳에는 통행을 제한하는 울타리가 없었다. 우리는 무리 중 서열이 매우 높은 수컷 악어가 산다는 첫 번째 호수로 가서, 전망대 역할을 하는 작은 다리로 즉시 올라갔다. 그곳에서는 양쪽 호수에 있는 악어들을 안전하게 보여줄 수 있었기 때문이다. 특히 아주 센 불빛을 사용하면 그들이 수영하는 동안 표면에서 움직이는 빛나는 두 눈을 볼 수 있었다. 그걸 본 사람들은 흥분의 도가니 그 자체였다! 잠시 기다렸다가 해당 지역에 더는 악어가 없는 걸 확인한 후 다리에서 내려와 호수 가장자리로 갔는데, 반대편에 악어가 있다는 걸 알게 되었다. 나는 악어가 사냥할 때의 행동에 관해 설명했고, 물속으로 떨어지는 새는 악어들에게 참을 수 없는 유혹이라는 것을 꼭 보여주고 싶었다.

나는 손님 중 한 명에게 우리의 악어 친구가 있는 곳에 불을 밝혀보라고 램프를 넘겼다. 그리고 물가에 쪼그리고 앉아서 바다거북의 둥지를 찾는 데 사용하는 막대기로 죽은 새가 물에 떨어지는 것처럼 물을 때렸다. 그러자 멀리 있던 악어가 곧바로 물속으로 뛰어들었고, 악어를 끌어들인 나의 능력에 모두가 감탄했다. 그때 악어와의 거리가 60미터 정도였기 때문에, 악어가 오기 전에 충분히 도망갈 수 있다고 확신했다. 나는 다시 물을 쳐다보며 일어날 준비를 하느라 사람들의 놀란 얼굴은 보지 못했다. 그런데 내가 있는 곳에서 1미터도 채 안 되는 거리에서 녀석의 거대한 머리가 나타났다.

나는 '또 그럴 수는 없지!'라고 생각했다. 그러나 이번에는 어른 악어라서 상황이 좀 더 심각했다. 몸 크기가 3미터 이상이라 그 정도 거리에서는 도저히 달아날 수가 없었다. 게다가 악어의 몸동작이 나보다 빨라서 극도로 침착해야 했다. 이미 경계 태세로 고조된 녀석의 사냥 본능을 자극하지 않고 그곳에서 멀어져야 했다. 그 모습에 놀란 사람들의 속삭임이 들렸고, 나는 천천히 몸을 일으키기 시작했다. 아주 천천히 … 악어와 눈을 맞추지 않은 채로 서서히 돌아서서 침착하게 한 발씩 뗐다. 겨우 1미터 거리에 있는 녀석은 꼼짝도 하지 않은 채 나를 쳐다보고 있었는데, 마치 시간이 멈춘 것만 같았다. 그 순간 세렝게티에서 누[남아프리카 원산으로 소의 머리를 한 작은 말과 비슷한 영양]를 잡는 악어들의 유명한 장면들이 하나씩 눈앞을 스쳐 지나갔다. 마침내 나는 겁에 질린 사람들에게 돌아갈 수 있을 만큼 녀석과 멀어졌다.

우리는 악어의 이름만 들어도 그들의 공격을 상상하게 된다. 직접 대면하는 것 말고, 이런 치명적인 만남은 극히 드문 일이다. 그러나 이 일을 통해 조금 더 조심하기로 마음먹었고, 사람들은 악어에 대한 긍정적인 생각을 품은 채 휴가를 끝냈다. 어쩌면 녀석은 단지 그 장면을 지켜보고 있었을 뿐, 나를 잡아먹을 생각조차 하지 않았을지도 모른다. 그리고 1년 후쯤, 같은 곳에서 한 남자가 악어 번식기에 발을 물속에 넣었다가 그만 다리를 잃는 사건이 벌어졌다. 왜 그때 나를 공격하지 않았는지는 알 수 없지만, 어쨌든 그 악어에게 매우 감사하다. 그리고 감사의 표시로, 그들의 사랑스러운 면과 다정한 면에 관해서 이야기하고 싶다.

사람들은 보통 악어가 감정을 느끼지 않는다고들 한다. 여기에서 '악어의 눈물'이라는 오래된 문구가 유래되었는데, 이는 거짓 눈물을 흘리는 사람의 위선을 의미한다. 그 말의 기원은 역사에서 사라졌지만, 1508년경 레오나르도 다빈치가 이 동물에 대해서 이렇게 기록했다. "이 위선자, 눈물을 흘리며 감춘다. 호랑이 심장, 동정심을 드러낸다. 마음 깊숙이는 남들의 불행을 기뻐한다." 외람된 말씀이지만, 레오나르도 씨께 한 말씀 전한다. 그건 전혀 말도 안 되는 거짓말입니다! 사실 눈과 눈물샘에 대해 여러 소리를 듣는 바다거북을 비롯한 다른 동물들과 마찬가지로 그들의 눈물은 정화의 기능을 합니다. 눈물을 통해 몸에 있던 염분을 제거하는 거죠. 그들이 사는 곳에서는 그렇게 할 수밖에 없습니다. 따라서 땅에 있을 때 눈물을 흘리는 모습을 볼 수 있는데, 그 염도는 꽤 높습니다. 이전 장에서도 말했지만, 그 눈물은 나비에게 소중한 보물이랍니다.

일단 악어에 대한 부정적 목록에서 위선이 제거되면, 한 번쯤은 동물들의 감정과 얽힌 문제들을 다뤄보고 싶다. 1세기에 그리스의 도덕주의자이자 철학자인 플루타르코스는 그의 글 〈동물들도 이성이 있는지에 관하여De sollertia animalium〉에서 동물의 도덕성에 관한 많은 이야기를 했다. "동물은 이성적bruta animalia ratione uti"이라고 주장하면서 "… 악어는 길들일 수 있다. 즉, 악어

내 목숨을 앗아가지 않은

골프장 근처의 악어.

는 주인의 목소리를 알고, 아무런 해를 끼치지 않으며 만지도록 허용하고, 입을 열면 이빨이 깨끗하다"라고 덧붙였다. 아리스토텔레스도 비슷한 말을 했는데, 악어는 먹이만 풍부하게 주면 충분히 키울 수 있다고 확신했다. 또한 "… 그들은 욕구가 채워지지 않을 때만 해롭다"라며 변호했다.

아주 흥미로운 사례가 있는데, 코스타리카에서는 큰 어금니를 지닌 파충류들이 매우 큰 심장을 가졌다는 생각이 20년 이상 지속되었다. 거기에는 4미터 정도 되는 악어와 우정을 쌓아서 유명해진 남자가 있었다. 이건 널리 증거자료로 남은 사실이다. 1990년대 후반에 악어는 자신을 구하고 치료해준 보호자와 사랑과 애정과 존경이 넘치는 신기한 관계를 유지했다. 자연사하기 전까지 그 보호자가 안고 껴안고 배를 긁고 손과 머리를 입에 넣는 걸 허락했다. 이후 니카라과에서 수년간 학대를 당한 악어가 심각한 우울증 진단을 받았다. 이 동물들과 가까이 살았던 모든 사람은 그들이 미소를 짓지는 않지만 감정이 있다고 확신했다. 사람이 웃지 않는 건 꼭 행복하지 않아서가 아니라, 종종 치아를 보여주기 싫어서이기도 하다. 하지만 악어가 항상 이빨을 보인다고 해서 그게 계속 웃고 있다는 뜻일까?

옛날에는 일부 철학자를 제외하면, 무표정한 악어를 비롯해 모든 동물이 당연히 감정을 느낄 수가 없다고 생각했다. 그러나 지금은 아니다! 예를 들어 처음에 사람들은 악어가 둥지 안을 파고 알에서 부화한 새끼들을 거두는 것을 보고, 그들을 잡아먹는 괴물이라고 생각했다. 하지만 따뜻한 둥지에서 새끼를 꺼내는 어미들임이 밝혀졌다. 어미들은 세심하고 부드럽게 땅을 파고 조심스럽게 한 마리씩 집어 들어 물속 유치원으로 이동시킨다. 그곳에서 새끼들은 어미의 감시 아래 작은 곤충과 갑각류를 먹기 시작한다. 새끼들은 위험에 처하거나 포식자에게 붙잡히면 특유의 앓는 소리를 내기 시작하고, 어미는 가장 용기 있는 존재가 되어 즉각 방어에 나선다.

그들을 둘러싼 일부 의혹을 해소하기 위해 실험을 단행한 과학자가 있었다. 그는 땅에 확성기를 묻고 둥지에서 부화하는 새끼들 소리를 녹음했다. 그리고 어미에게 들려주자, 즉시 한 암컷이 현장으로 다가와 새끼들을 돕기 위해 땅을 파기 시작했다. 그 과학자는 계속해서 작은 보트를 타고 물에 들어가 새끼들이 도움을 청하는 소리를 확성기로 틀기 시작했다. 마찬가지로 다른 암컷이 재빨리 달려와서 곧바로 배를 공격했다. 그는 할 수 없이 스피커를 꺼야 했고, 잠시 후 암컷도 공격을 중단했다. 새끼의 부름에 대한 어미의 긍정적인 반응은 반박할 수 없는 증거였다. 나는 그 어미들을 비난할 수 없다. 태어난 첫해에 새끼 중 단 1퍼센트만이 살아남기 때문이다. 작은 크기 때문에 그들을 노리는 포식자들이 어마어마하게 많다.

어른 악어를 똑 닮은 새끼 악어들이 내는 소리 유형은 자연에서 선택된 것이다. 그것은 어미의 즉각적인 관심을 끌기 위한 소리이기 때문에 매우 크고 조금은 시끄럽다. 어떻게 보면 전혀 비슷하지 않을 수도 있지만, 그들의 소리는 태어난 지 며칠 안 되는 새끼 고양이가 외로움과 배고픔, 추위를 느낄 때 내는 소리와 비슷한 효과를 낸다. 말만 잘 들으면 우리가 그 새끼 고양이에게 필요한 것을 다 해주고, 심지어는 우리 옷 속에 따뜻하게 넣어주기까지 하는 것처럼 말이다! 악어들의 의사소통에서 가장 놀라운 점은 부화에만 국한되지 않을 것이다. 어미는 다른 형태의 저주파 통신을 사용해서라도 새끼들을 부르고 찾아갈 수 있기 때문이다. 즉, 거친 숨소리와 으르렁거리는 소리, 쉬쉬하는 소리, 그리고 유혹을 포함한 협박 자세를 통해 시각적 신호를 보내기도 한다.

물론 악어도 다른 동물들처럼 사랑하는 암컷을 유혹해야 한다! 수컷 악어는 주변에 다른 수컷이 없을 때면 늘 인내심을 갖고 구애한다. 하지만 경쟁자가 나타나면 암컷들을 잊은 채 경쟁자가 심하게 상처를 입든 죽든 상관없이 격렬하게 싸우기 시작한다. 그리고 마지막 순간에는, 좀 과격하긴 하지만 암컷을 향해 만족의 표시로 으르렁거리는 소리를 내고, 서로 부드럽게 문지른다. 정말 신기한 게 있는데, 많은 경우 암컷은 물 아래 굴이나 동굴을 판다. 조수가 상승해 그 안에 공기가 차면 아무런 방해를 받지 않고 조용히 쉬거나, 때로는 사랑하는 수컷을 초대할 수도 있다. 일부 암컷들은 또 다른 계절에도 같은 수컷들과 다시 교배한다고 알려졌지만, 일부일처제라고 하지는 않는다. 한 수컷에게 충실할 수 있는 것처럼, 다른 수컷들에게도 그럴 수 있기 때문이다. 결국 모두가 후손 중 누군가의 행복한 부모가 될 수 있다. 하지만 어미가 되는 일은 암컷들의 몫이다.

악어는 강력한 꼬리뿐만 아니라 거대한 다리 덕분에 많은 양의 흙을 파고 옮길 수 있다. 그래서 그들의 아름다움이 좀 가려지긴 하지만, 이는 수생 서식지에서 할 수 있는 가장 좋은 일일 것이다. 악어는 매우 크고 무거워서 그들이 사는 곳에는 항상 물길이 생긴다. 그들이 움직일 때 많은 소통 채널이 생기고, 서식지의 질이 향상되며, 장애물들을 없애서 더 많은 무척추동물과 물고기가 살 수 있기 때문이다. "악어들아, 고마워!" 해오라기가 큰 물고기를 급히 먹으며 말했다. 그러나 혀가 없어 대답할 수 없는 악어들을 생각하며 플루타르코스는 이런 말을 남겼다. "… 그들은 말없이, 침묵 속에서 공평과 지혜의 법칙을 우리의 마음에 새겨놓는다." 외람되지만, 플루타르코스 씨께 한 말씀 전한다. 대단한 관찰이군요! 사실 그들에겐 혀가 있습니다. 저는 그들이 누군가를 욕하거나 불쾌하게 하는 일을 피하고자 조심스럽게 사용하고 있다고 생각합니다. 그들의 혀는 턱에 고정되어 있답니다.

문뜩 그 이름의 뜻이 궁금해졌다. '코코드릴로cocodrilo'(스페인어로 악어)는 그리스어 '크로코데일로스krokódeilos'에서 파생된 언어로, '돌멩이'와 '유충'이라는 두 단어의 합성어이다. 즉, '돌멩이들로 된 유충' 또는 '돌로 만든 유충'이라는 뜻이다. 고대 사람들의 관찰력과 호기심에 놀라지 않을 수가 없다. 하지만 지금 우리에겐 무슨 일이 일어난 걸까? 현대 사람들은 하늘을 바라볼 여유가 없고, 악어나 코끼리 모양의 구름을 찾는 경험은 더더욱 흔치 않은 일이 되었다. 상상의 나래를 펼치는 게 얼마나 재미있는 일인데!

이번 장을 마무리하기 전에 악어와의 마지막 만남에 관한 이야기를 전해야 할 것 같다. "삼세번에 득한다"는 말처럼, 이전에 있었던 두 번의 만남에서 교훈을 얻었기 때문이다. 왜 아니겠는가? 스페인으로 돌아오기 전 우리는 잠깐 정글 옆의 목가적인 장소, 많은 아름다운 새들이 둥지를 튼 엘켈레레El Quelele라는 아름답고 거대한 바닷물 석호 옆에 사는 행운을 누렸다. 우리는 이층집에서 살았는데, 위로 올라가면 나무들의 꼭대기를 볼 수 있었고 주변은 온통 녹색이었다. 이사한 후, 천장의 거대한 들보에 매달려 있는 많은 도마뱀을 발견했다. 말썽을 일으키기는커녕 기쁨을 안겨주는 재미있고 귀여운 박쥐들도 살고 있었다. 또 창문가에서는 작은 올빼미(여기에서는 보통 '엘프 올빼미'라고 부름)를 보고, 그들의 소리를 들을 수 있었다. 밤에는 피라냐 같은 모기떼 수백만 마리로 뒤덮인 집이 우리를 기다리고 있었다. 안전한 모기장 속에서 우리는 귀뚜라미와 매미의 코러스 리듬에 맞춰 춤을 추듯 여기저기 다니며 빛을 뿜는 반딧불이도 볼 수 있었다. 집을 비울 때면 청개구리부터 전갈에 이르는 수많은 동물이 놀러 오기도 했다. 물론 손님 중에는 악어도 있었다. 그래서 키우던 개와 늙은 고양이, 그리고 고양이와 떼어놓을 수 없는 친구인 토끼가 소풍을 떠나지 못하도록 효과적인 울타리를 세워야 했다.

1980년대에 이곳은 북미 조류 관찰자의 매우 유명한 필수 코스였다. 지금은 경로를 알고 모험을 떠나는 외국인을 제외하면 많은 이들에게 잊힌 곳이 되었으며, 최근에는 가장 크고 오래된 악어가 살기 때문에 혼자 걷는 게 조금 겁나는 곳이기도 하다. 그러나 나는 나쁜 성질과 엄청난 크기로 유명한 '거대한 악어들' 중 하나를 촬영하기로 마음을 굳게 먹었다. 그 크기가 3.5미터 이상이었기 때문이다. 시간이 날 때마다 악어를 보기 위해 호숫가로 달려갔다. 그리고 멀리 산책을 떠날 때마다 카메라와 400밀리미터 망원렌즈, 휴대폰과 손전등을 집어 들었다. 그날은 날씨가 너무 더웠지만, 이 이야기에서 갈수록 유명해지고 있는 피라냐 모기의 지칠 줄 모르는 공격에 맞서려면 몸을 옷이나 천으로 완전히 뒤덮고 방충제를 발라야 했다. 녀석을 찾아 나설 때마다 그 엄청난 크기에도 불구하고 유령 같다는 느낌이 들곤 했다. 자기 존재를 확인시켜주는 자국들만 여기저기 남겨놓았기 때문이다. 그들의 아름다움에 비길 만한 다른 악어들도 발견했는데, 내가 찾던 그 녀석은 아니었다. 어느 조용한 오후, 마르가 집에 없어서 일몰 직전에 홀로 산책을 나섰다. 다른 날처럼 나를 걱정해주는 그녀가 없었고, 아무도 집 안에서 쌍안경으로 내 발걸음을 감시하지 않는다는 걸 알았기에 다른 날보다 조심스럽게 걸었다. 예전에 정글 한가운데서 길을 잃은 적이 있어 조심해야 했다. 혹시 모를 사태에 대비해 휴대전화를 가져가기로 했다.

나는 빽빽한 초목에 숨겨진 작은 호수 앞에 먼저 멈추기로 했다. 수많은 잠자리와 이구아나를 보았던 그곳에 들리는 걸 좋아했다. 그런데 놀랍게도, 반대편 물가에서 쉬고 있는 악어가 나를 쳐다보고 있었다. 빙고, 마침 해가 붉어지기 시작했을 때였다! 정면으로 찍기 위해 작은 호수 주위를 재빨리 돌아갔다. 하지만 녀석은 내가 귀찮게 하지 못하도록 충분히 거리를 두고 있었다. 멀리서 사진을 몇 장 찍고 점점 가까이 다가가기 시작했다. 나를 의심하던 녀석은 재빨리 물속으로 뛰어들었다. 녀석과 상당히 안전한 거리를 유지했지만, 그 순간 아드레날린이 치솟았다. 이미 물속에 있었기 때문에 재빨리 물가로 가서 수영하는 모습을 찍기로 했다. 녀석은 주위를 돌며 머리를 들어 올리고 꼬리를 물에서 뺀 채 매우 위협적인 자세를 취했다. 참으로 거대했다! 녀석은 계속 크기를 과시하며 천천히 다가왔고, 한가운데쯤 와서는 미동도 하지 않았다. 나는 호숫가에 서서, 나를 보고 있는 사람이 아무도 없다는 것을 곁눈질로 확인했다. 우리 둘은 서로 얼굴을 쳐다보았다. 녀석은 나를 뚫어지게 쳐다본 후에 꼬리를 감추고 사라졌다. 그래서 나는 냅다 뛰기 시작했고, 사진에 대한 모든 환상이 날아가버렸다.

나는 뒤도 돌아보지 않고 미친 듯이 달렸다. 지난날 두 번의 만남을 통해 깨달은 바가 있었기 때문이다. 그 몸짓은 나를 공격하겠다는 매우 분명한 비언어 메시지였다. 오, 습지의 대왕 악어님이시여, 말씀 잘 알아들었습니다. 다시는 귀찮게 해드리지 않겠습니다요! 이 이야기는 여기까지.

16

반딧불이

빛으로 노래하는 곤충

“반딧불이는 별의 영혼을 가진 딱정벌레야.”

“아니야, 반딧불이는 하늘에서 떨어진 별이야!”

“그럼 별이 살아남은 거야?”

“당연하지! 그러니까 계속 빛나지, 이 바보야!”

우리가 잠들기 전에 종종 나누던 대화이다. 아버지가 야영장 불을 끄고 어둠이 온전히 우리를 감싸 안으면, 나는 여자 형제들과 반딧불이의 기원에 관해 이야기하곤 했다. 그 야영장이 칠흑같이 어두웠던 건 아니다. 반딧불이들이 낯설지만 매력적인 황록색 모스 부호 같은 신호를 우리에게 보냈기 때문이다. 반딧불이를 관찰하는 일은 부모님이 도시와 자연 사이에서 다섯 자녀를 돌보며 또 다른 지친 휴가를 보낸 후, 우리를 일찍 잠자리에 들게 할 완벽한 핑곗거리였다.

자연이 우리에게 시간을 알려주는 방법은 놀라웠다. 태양이 떠오르자마자 부모님은 거대한 캠핑 텐트에서 우리를 쫓아냈고, 그럴 때마다 우리는 짜증을 많이 냈다. 이미 그곳에는 피를 빨아먹는 작은 모기 수백 마리가 굶주림에 지쳐 일찍부터 우리를 기다리고 있었다. 비록 전갈과 뱀 같은 해로운 동물 때문에 멀리까지는 못 가게 하셨지만, 나는 벌레들을 찾아 멀리 가는 걸 좋아했다. 나는 그런 동물들이 별로 신경 쓰이지 않았다. 살면서 내게 일어난 최악의 사건은 말벌을 삼켰던 것과 내가 본 것 중 가장 큰 소라게가 집게로 내 손바닥을 잡고 놓아주지 않았던 일이었다. 우리는 한시도 가만있지 않았다. 끊임없이 장난치고 탐험하며 수영하기를 반복했다. 그러다 보면 태양이 수평선 근처에 다다랐고, 부모님의 명령에 따라 다시 캠핑장으로 돌아왔다.

해가 지면 미리 데워둔 따뜻한 물에 강제 샤워를 하고 바로 저녁을 먹었다. 우리는 늘 약간 녹이 슨 접이식 테이블 주위의 작은 의자들에 둘러앉았다. 이곳은 바로 몇 년 후 우리의 유명하고 존경받는 친구인 볼레로의 왕, 아르만도 만사네로가 앉게 될 의자였다. 밤이 우리를 감싸주었고, 그곳에서 유일한 빛은 아버지만이 켤 수 있는 이상한 가스등불이었다. 그 불을 켜는 건 우리에게 하나의 의식이었는데, 나는 항상 그 일을 하고 싶어 했다. 그것은 가스통에 연결되어 있는 매우 깨지기 쉬운 얇은 유리 구체로, 직물을 씌운 전구였다. 그 빛이 너무 세서 아버지는 가스 출력을 줄여야 했다.

식사하는 동안 때때로 야영장 빛에 매료된 반딧불이가 우리 몸 위에 앉아 빛을 뿜어대면, 두 손안에 넣고 걸어 다니기도 했다. 그러다가 이런 토론이 시작되었다.

"반딧불이는 어떻게 빛나는 걸까?"

"'발산하는'이라고 하는 거야." 마엘리 누나가 단어를 수정했다.

"'번쩍거리는' 아냐?" 아달리 누나가 말을 덧붙였다.

"'반짝거리는'이겠지! 별이라고 하지 않았어?" 항상 우리를 피곤하게 만드는 마누 형이 말했다.

"그렇지." 아달리 누나의 목소리가 점점 작아졌다. 그녀를 곤란하게 만들고 싶어 하는 형 때문에 누나의 기분은 개미 옆인 땅바닥까지 내려갔다.

"형, 아달리 누나 좀 괴롭히지 마!"

그 말에 반딧불이는 날아가고 야영장에는 다시 평화가 찾아왔다.

내가 볼 때 이전 세대와 요즘 세대의 큰 차이점 중 하나는 어린 시절 반딧불이에 관한 기억이 있고 없고의 차이이다. 마음속에 남아 있는 희미한 기억들은 어른이 되어도 여전히 우리를 웃게 만든다. 예전에는 정원에 늘 어둠이 깃들어 있었다. 그게 당연한 일이었다. 그래서 자연과 더 쉽게 소통할 수 있을 뿐만 아니라, 반딧불이와도 더 자주 만날 수 있었다.

그때는 몰랐지만, 어린 시절 본 빛을 내는 벌레들이 다 똑같진 않고, 심지어는 서로 아무런 연관도 없는 벌레들도 많다. 이런 벌레가 전 세계에 2000종이나 있다는 것을 알고 나니 그런 사실이 별로 이상할 것도 없었다. 예를 들어, 숲속이나 산에서 야영하다 보면 작고 마른 딱정벌레가 수도 없이 날아다녔다. 그들은 빛을 더 길게 유지했는데, 모스 부호로 치면 '길게, 멈춤, 길게, 멈춤, 길게'로 해석할 수 있다. 그들은 항상 우리가 그물로 잡을 수 있는 높이 정도로 날아다녔다. 텔레비전으로 방영된 애니메이션 〈마야 붕붕〉에서 곤충에 관한 멋진 것들을 많이 배운 덕분에, 우리는 그것이 반딧불이라는 걸 이미 알고 있었다.

한번은 열대 지역이나 해안 지역으로 여행을 갔을 때였는데, 거기에서 그들의 또 다른 특징을 알게 되었다. 그곳의 반딧불이는 약 3센티미터 길이의 크고 강한 딱정벌레였고, 나뭇가지에 앉아 있는 걸 좋아했다. 반딧불이가 그 위에서 걸어 다니는 걸 봤는데, 두 개의 작은 불빛이 머리 바로 뒤쪽에 있는 가슴에서 나오고 있었다. 이것은 양쪽에 하나씩 있어서 어디에서나 볼 수 있었다. 배 중심에서 아래쪽으로 녹색불이 짧은 간격으로 흘러나오고 있었다. 이러한 빛 방출은 '짧게, 멈춤, 짧게, 멈춤, 짧게'라고 말하는 모스 부호처럼 훨씬 더 반복적이었다. 하지만 그런 사실은, 불빛의 지속 시간을 측정하기보다 그들을 잡는 데 더 집중하는 어린이에게는 불필요한 정보였다.

사실 어린 시절에는 동물의 종류를 자세히 아는 일에 별로 관심이 없었다. 몇 년 후, 대학 수업 첫날에 종일 정글 훈련을 받았다. 저명한 곤충학자이기도 한 교수님은 거대한 그물로 내가 어린 시절부터 알고 있었던 큰 딱정벌레를 잡았다. 그리고 조심스럽게 손가락으로 집어 들어 보여주었다. 달아나지 못한 벌레는 우리가 발톱을 자를 때나 크리스마스에 맛있는 밤을 구울 때 나는 소리처럼 "찌륵, 찌륵, 찌륵"하는 매우 큰 소리를 내기 시작했다. 교수님은 주의 깊게 보라고 말하면서 반딧불이의 등이 닿도록 손바닥에 올려두었다. 잠시 후 반딧불이는 마치 화살을 쏘기 전에 긴장된 활처럼 자기 몸을 구부렸고, 연속해서 내던 '찌륵 찌륵' 소리가 공기 중으로 울려 퍼졌다. 교수님의 설명에 따르면 그 벌레를 '찌륵 벌레'라고 부르는 사람들도 있었다. 그 딱정벌레는 어린 시절에 나를 사로잡았던 유명한 '발광방아벌레'였다.

발광방아벌레는 반딧불이와 직접적인 관련은 없지만, 이야기하는 것도 좋을 것 같다. 우리가 그들을 볼 때 반딧불이를 볼 때처럼 똑같이 놀랄 뿐만 아니라, 지구상에서 가장 빛나는 곤충이라고 할 수 있기 때문이다. 그들은 미 대륙에만 사는 주민이고, 중미·카리브 지역 메소아메리카 원주민들의 일상생활에서 그들의 존재와 실제 사용에 대해 기록한 사람들은 최초의 스페인 탐험가들이었다. 몇몇 연대기 작가들은 밤에 그들을 잡아 작은 나무통에 넣어 램프처럼 길을 밝히는 데 사용했다. 분명 글을 쓸 때도 그들을 이용해 불을 밝혔을 것이다.

어디든 늘 동물에 대해 험담하는 사람이 있기 마련이다. 비록 우리 친구 반딧불이와 발광방아벌레는 그런 험담을 피하는 데 성공한 편이긴 하지만, 그래도 불명예에서 완전히 자유롭지는 못하다. 사람들은 발광방아벌레를 보면 "눈에 불이 붙었다"라고 말하며 안 좋은 징조로 여기고, 집에 들어오면 불행이 생긴다고 믿었다. 구대륙의 고대 신념에서 가장 끔찍한 사실은, 아마도 반딧불이가 흑마술을 수행하는 고대 처방전의 일부였다는 점이다. 특히 남자들을 무력하게 만들기 위한 재료로 쓰였다. 처방전에는 이렇게 나온다. "여름에 반딧불이를 잡아 손으로 뭉갠 후에 힘을 못 쓰게 하고 싶은 사람의 목덜미에 대고 아주 세게 문지른다." 완전 무섭다!

빛을 내는 벌레가 우리의 넋을 빼놓는 환상적인 세계로 다시 돌아가보자. 사랑하는 독자들이여, 잠시 생각해보시라. 반딧불이는 우리의 어린 시절에서 어떤 마술적 존재에 투영되었을까? 아내인 마르의 머릿속에 반딧불이 하면 가장 먼저 떠오르는 것은 바로 '구시 루스Gusy luz'였다. 이 인형은 머리에 불이 들어와 아이들에게 매우 인기가 많았다. 그래서 '내 특별한 반딧불이'라는 별칭이 붙었다. 반면 내 머릿속에 가장 먼저 떠오르는 것은 요정이었다. 요정의 모습은 하루살이나 작고 아름다운 곤충과 더 비슷하긴 하지만 말이다. 하루살이는 수중에서 유충 생활을 한 후, 호수에서 어른 하루살이로 나타나 열정적인 하룻밤을 보내고 지쳐 죽는다. 만일 가까이에서 보지 못했다면, 꼭 가까이 관찰해보길 바란다. 아주 부드럽게 날아다니는 것 외에 몸 끝에는 두 가닥의 얇은 강모가 매달려 있는데, 많은 사람의 상상력 속에서 그들은 얇은 드레스를 입은 작은 사람으로 나타난다. 요정 말이다!

요정과 반딧불이는 전혀 비슷하지 않은데도 내가 미친 상상력을 발휘해 이 둘을 연결하려 애쓰고 있다는 걸 인정한다. 피터 팬이 불을 밝히기 위해 유리병 속 팅커벨을 열심히 흔드는 건 상상도 할 수 없는 일이다. 우리가 어린 시절에 종종 그랬듯이, 병 속에 있는 그들을 깜빡 잊고 풀어주지 않는다면 그만 질식해 죽을 것이다. 다행히도 팅커벨은 질식사하지 않았다. 그렇게 된다면 애니메이션 영화를 통해 환상의 세계에 사는 모든 어린이에게 진정한 비극이 될 것이다.

그들의 불빛, 마법처럼 만들어내는 놀랍고도 질투 나는 그 능력이 감탄스럽다. 그들은 '연금술사 곤충'이라는 별명까지 얻었다. 적황색이나 밝은 연청색 등 다양한 색깔을 만드는 종도 있지만, 일반적으로는 녹황색 빛을 만든다. 언젠가는 분명 다른 색으로 빛나는 종들도 발견될 것이다. 정글에 살 때, 위층 창문을 열면 나무 꼭대기를 볼 수 있었다. 아침에 해가 떠오르고 난 후 매일 같은 나무를 바라봤는데, 그 순간 강한 빛이 나타났다가 사라졌다. 마치 누군가 거울로 신호를 보내는 것 같았는데, 어쩌면 그 신비로운 존재는 소형 거울을 가지고 있었을 것이다. 그 불가사의한 빛을 일으킨 주인공을 너무 조사해보고 싶었다. 내가 자유롭게 나무로 올라가고 날아다닐 수 있는 벌레가 아닌 게 얼마나 속상하던지! 지금도 여전히 그때 본 것이 과학계에 아직 알려지지 않은 반딧불이가 아니었을까 하는 의심이 든다.

그들이 빛을 발하는 원리를 이해하려면 먼저 한쪽 손에 '루시페라아제luciferase'(발광효소)라고 부르는 라이터를, 또 다른 손에는 '루시페린luciferin'(발광화합물)이라는 양초를 들고 있다고 상상해보자. 양초의 심지는 'ATP'(화학반응에서 에너지를 제공하는 데 사용되는 분자)라고 부를 것이다. 이제 공기 중의 산소만 있으면 된다. 자, 이제 준비 끝! 손으로 만든 반딧불이 빛의 복제품인 셈이다. 많은 사람이 에너지 효율의 표본, 즉 LED 전구를 만들기 위한 과학적 근거에 대해 많은 이야기를 한다. 보통은 반딧불이가 빛을 낼 때 외부로 방출하는 게 전혀 없다고 생각하지만, 놀랍게도 그건 사실이 아니다! 모든 일에는 반드시 대가가 따른다. 양초나 우리의 호흡과 마찬가지로, 이 존경스러운 반딧불이도 매력적인 빛을 밝힐 때 이산화탄소를 방출한다. 하지만 오존층 파괴를 걱정하는 모두의 심적 안정을 위해, 그 배출이 기후 변화에 영향을 줄 만큼 많지는 않다는 사실을 분명히 해둔다. 그렇다! 우리의 반딧불이는 이미 친환경 마크를 받았기 때문에 언제든지 마음대로 마드리드 시내 중심가를 드나들 수 있다.

유감스럽게도 반딧불이는 처음으로 빛을 만들어낸 동물이 아니다. 훨씬 오래전부터 자기 태양, 자기 달을 가지고 다니며 진짜 별처럼 느끼게 만들던 신비한 동물들이 많았다. 바다의 어두운 곳에 사는 생물의 약 50퍼센트가 일종의 빛을 방출한다는 것만 봐도 확실히 알 수 있다. 어떤 동물은 먹이를 유인하거나 자기를 방어하기 위해, 또는 파트너를 찾으려고 빛을 낸다. 어떤 동물은 몸 전체가 완전히 빛나고, 또 어떤 동물은 몸 일부만 빛내길 좋아한다. 머리와 입처럼 특정 부위가 빛날 수도 있고, 우리의 생물발광 bioluminescence〔생물체가 스스로 빛을 만들어내는 현상〕 친구들처럼 배 끝부분만 빛날 수도 있다. 이들은 야간 조명을 넣고 다닐 만한 좀 더 낭만적인 장소를 찾지 못한 걸까? 내 대답은 이렇다. 그들은 보통 짝짓기를 위해 불빛을 사용하기 때문에, 어둡거나 재생산을 위해 열심히 일하는 중에도 실수가 없도록 사실상 가장 유리한 곳에 그 빛을 보관한다. 한마디로, 상대방을 유혹하는 작은 빛이다!

특정 목적을 위해 설계된 빛이 시간이 지나면서 어떻게 완전히 다른 목적에 사용되는 건지 너무 신기하다. 호두까기가 없을 땐 와인 병을 사용해 견과류의 단단한 껍질을 까는 것처럼 말이다. 자연 속에서 그 빛은 육식동물과 같은 포식자에게 경고하기 위해 애벌레 단계에서 만들어지기 시작한다. 그리고 몸에는 이미 루시부파긴lucibufagin('빛이 나는 독성물질'이라는 뜻으로, 두꺼비 피부에서 분비되는 부포톡신bufotoxin 같은 독성을 지닌 물질)이 들어 있는데, 이는 엄청나게 불쾌한 맛을 내는 물질이다. 그런 능력은 성충이 되어서도 이어졌는데, 진화의 과정에서 그들은 그 빛이 짝을 만나고 생식하는 데 큰 도움이 된다는 사실을 발견했다. 그러나 늘 그렇듯 이런 일이 간단하지만은 않다. 모든 일을 복잡하게 만드는 존재들이 있기 마련이다. 말하자면, 대부분의 반딧불이 종은 자체적인 결함이 있다. 성충이 되었을 때, 수컷과 암컷 모두 아무것도 먹지 않고 유충일 때 축적한 에너지 예비량으로만 살아가기 때문이다.

따라서 첫 번째 문제가 발생한다. 예비량이 남은 몇 주 동안 생존하기에 충분해야 한다. 그 기간은 오로지 배우자를 찾고 생식하는 데 소비하는 시간이지만, 일부 종의 암컷은 너무 많은 시간과 에너지를 소비하는 바람에 막상 알을 생산해야 할 때가 되면 지쳐 있다. 따라서 수컷은 암컷과 연대해서 수컷 나비와 같은 방식으로 암컷을 도와준다. 즉, 짝짓기하는 동안 정자 외에도 건강한 알을 낳는 데 필요한 영양소가 든 추가 패키지를 넘겨준다.

두 번째 문제는 수컷의 빛 중독이다. 그들은 사람들이 밤길을 비추거나 가정에서 불을 밝혀야만 밖으로 나온다. 그렇게 '꼬리 램프' 사회의 가장 상위 부분에 빨간불이 들어오기 시작했다. "수컷들은 사진 중독자가 되었습니다!", "암컷들은 짝이 없습니다!", "이것은 명백한 가족 붕괴 문제입니다!" 나는 위대하고 현명한 반딧불이들이 이런 대화를 나눈 후, 이 심각한 문제를 해결하기 위해 특별 긴급 조치 회의를 열고 토론하는 모습을 상상해본다.

여기에서 세 번째이자 마지막 문제가 발생한다. 특히 요즘 세상은 빛의 오염이 심각하다. 너무 큰 가로등들 때문에 몸에서 나오는 빛이 상대적으로 잘 보이지 않고, 그 결과 서로를 찾기가 힘들어졌다. 그렇게 가로등 빛이 이 땅을 점령하고 있다. 독일 하멜른의 전설에서 피리 부는 사람을 뒤따르듯이 모든 곤충이 자기도 모르게 그 빛을 따라간다. 영국의 동물학자 줄스 하워드Jules Howard에 따르면 수컷 반딧불이는 동료들의 불빛보다 인공조명에 더 매력을 느낀다. 그래서 거대하고 밝고 따뜻한 가로등 빛 앞에서 구애하느라 힘을 다 써버린다. 곤충 앞에서 구애할 때보다 인공조명 앞에서 더 많이 진동하기 때문이다. 도대체 이게 무슨 상황인지!

그러나 생명이 있는 한 희망은 있다. 우리에게 위대한 교훈을 주는 존재가 있는데 바로 지중해 반딧불이Nyctophila reichii이다. 이들은 스페인에서 보통 '불빛 지렁이gusano de luz'라고 불린다. 암컷 성충은 다리가 여럿 달린 벌레의 모습인데, 애벌레 단계와 같은 특성을 유지하기 때문이다. 이런 현상을 과학적으로 말하면 유형성숙neoteny〔동물이 성장을 멈추고 생식기만 성숙해 번식하는 현상〕 또는 유형보유paedomorphism라고 한다.

우리의 사랑스러운 반딧불이는 드디어 짝을 찾고 에너지를 낭비하지 않는 방법을 찾았다! 가지와 바위, 벽을 용감하게 올라간 후에 꼼짝도 하지 않는다. 복부를 구부려 하늘을 향해 매력적인 빛을 쏜다. 눈이 큰 수컷이 도착할 때까지 최대 두 시간 동안 계속 켜놓고 기다린다. 그러면 수컷들은 더 나은 반쪽을 찾기 위해 여기저기 날아다니다가 마침내 그 빛을 발견한다.

요즘 나온 과학 기록들을 보면, 지중해 반딧불이뿐만 아니라 다른 유사한 이베리아 종도 가로등 아래 또는 아주 가까이에 자리 잡고 수컷이 바닥 쪽으로 날 때 자신들을 봐주길 바라며 기다린다. 이는 놀라운 적응력을 보여주는 논리적인 전략이다. 물론 가로등 기둥 쪽으로 가는 것은 이전에 소비할 필요가 없었던 에너지이지만, 암컷들은 이를 '투자'로 생각한다. 조명이 있는 지역에서 수컷을 찾을 가능성이 크기 때문이다. 정말 노올랍다!

하지만 다시 엄청난 진화가 이루어진다. 이들은 한순간도 우리가 한눈을 팔게 내버려두지 않는다! 하려던 이야기는 아니지만 이와 관련된 흥미진진한 이야기를 잠깐 해보자면, 일부 종은 전구를 켜는 방식에서 새로운 진화의 단계를 선보인다. 즉, 다른 종의 암컷들이 수컷들에게 보내는 빛 신호를 이용해 수컷들을 유혹한다.

다른 종의 수컷을 유혹하기 위해
빛을 흉내 내는 반딧불이.

우리 생각으로는 도저히 설명이 안 되는 방식이지만, 북미 숲에 사는 어떤 사기꾼 암컷은 적어도 다섯 종에서 오는 빛의 메시지를 완벽하게 따라할 수 있다. 유혹당하는 수컷들은 암컷들과 짝짓기를 원하지만, 이 사기꾼 암컷은 훨씬 더 어두운 목적이 있다. 포투리스 베르시콜로르Photuris versicolor라는 이 모방 천재는 이미 어둠의 편인 것 같다. 이 암컷은 성충 단계에서 다른 반딧불이를 잡아먹는 습관이 있기 때문이다. 암컷에게 잡힌 불쌍한 희생자들은 껍질만 남게 된다. 그래서 '뱀파이어 반딧불이'라고도 부른다. 그러나 나는 그들의 강력한 변호사이기 때문에, 강하게 유혹하는 그들의 빛이 눈을 멀게 만들지라도 무죄를 외칠 수밖에 없다. 그들은 방어 능력이 없는 자신을 보호하기 위해서 급히 알에 주입할 독소를 얻어야 하기 때문이다.

정말 기이한 운명의 수레바퀴가 아닌가? 예전에는 그 빛 때문에 포식자들에게 잡아먹히지 않았는데, 이제는 그것으로 상대방을 사랑에 눈멀게 한 후 잡아먹기 때문이다. 그러나 이 모든 게 생존을 위한 방법이다.

반딧불이에 관해 이야기할 때는 그 빛이 단순한 시각적 신호를 넘어 노래와 같은 통신 시스템이라는 것을 이해해야 한다. 이를 설명하기 위해 반딧불이보다 1000배나 더 크고 모습도 전혀 닮지 않은 혹등고래와 다른 동물들에 비교해볼 것이다. 고래는 광대한 바다에서 눈에 띄기 위해 꼬리에서 빛을 낼 필요가 없다. 노래하는 능력이 발달했기 때문이다. 그렇다. 고래는 노래를 꽤 잘하고,

반딧불이는 자기만의 방법으로 그 일을 한다.

고래는 바다 한가운데서 위치를 찾기 위해 놀라운 음향 감도가 발달했으며, 눈이 크고 시력이 민감한 수컷 반딧불이는 원거리 조정을 통해 가장 작은 섬광까지 감지할 수 있다. 그들이 비행하는 모습을 주의 깊게 관찰하면, 뭔가를 찾을 때 눈이 앞뒤로 향하는 것을 볼 수 있다. 수많은 고래와 반딧불이는 위치를 찾는 자신만의 방법이 있다. 하지만 의사소통 기간, 정확히 말해 번식 기간에는 같은 종이면 그 방법이 같다.

'발성'이라고도 하는 혹등고래 노래에는 음표·구절·단락을 인식할 수 있는 분명한 구조가 있고, 이 리듬은 반복될 수 있다. 반딧불이에서도 실제 노래의 구조를 발견할 수 있는데, 이것을 나는 '빛의 노래'라고 부른다. '빛'으로 구별되며, 빛의 방출이 음성 또는 소리와 같다고 볼 수 있다. '번쩍임'도 있는데, 그 지속 시간은 소리로 치면 음의 길고 짧음을 말해준다. 빛의 '간격'은 소리 방출에서 일시 정지와 같은데, 짧거나 길 수 있다. 그렇게 빛과 번쩍임을 모아서 시간 간격과 결합하면 '패턴'이 형성되고, 이는 노래 단락 또는 후렴(반복)과 같다. 그들이 날 때의 움직임을 잊지 말아야 하는데, 그것은 강세와 같다고 볼 수 있다. 끝으로, 이 패턴을 여러 번 반복하면 노래가 완성된다. 이렇듯 약간의 상상력만 있으면 그들의 비밀 언어를 이해하는 게 그리 어렵지 않다!

물론 반딧불이 종에는 고유한 패턴이 있는데, 이것이 바로 그 종의 특징이다. 우리의 혹등고래 친구도 마찬가지이다. 번식기에는 같은 개체의 모든 고래, 예컨대 북태평양 고래들은 하와이나 멕시코 해안으로 이주하는지 여부와 상관없이 기본적으로 모두 같은 노래를 부른다. 반딧불이도 같은 종일 경우 모두가 같은 빛의 노래를 한다. 그러나 모두가 같은 노래를 한다면, 암컷은 뭘 보고 최고의 후보자를 선택하는 걸까? 아주 미묘한 뉘앙스 또는 '개별 접촉'이 있는데, 이것으로 암컷 고래나 반딧불이가 특정 수컷 고래나 반딧불이에게 더 관심을 갖게 된다. 이 말이 일리가 있는 게, 플라시도 도밍고의 목소리를 듣는 것과 레게 가수 목소리를 듣는 게 똑같지 않은 것과 마찬가지이다. 취향에 따라 어떤 소리가 누군가에게는 더 매력적일 수도 있고, 또 누군가에게는 더 불쾌할 수도 있다.

집게벌레가 짝을 선택할 때 특별한 취향이 있듯이, 크기를 중요하게 여기는 반딧불이들도 있다. 또 북아메리카에 서식하는 일부 반딧불이 종의 암컷은 빛을 가장 오래 번쩍이는 수컷을 선택하는데, 그들을 볼 때 아름다움을 느끼기 때문이다. 그러나 이런 빛의 노래들 속에 늘 빠질 수 없는 요소가 있다. 바로 단순미이다. 물론 이 세상에서 반딧불이 노래가 최고의 걸작은 아닐 것이다. 하지만 가장 눈에 띄고 반복되는 번쩍임으로 여름 히트곡을 만들어 낸다. 이 말이 믿기지 않는다면 일상의 사례를 살펴보자. 노래 중에서 여러분 귀에 꽂히는 가사를 떠올려보길 바란다. 단조롭고 짧고 반복적이지만, 더 강력한 곡이 입에 달라붙기 전까지는 며칠 동안 머릿속에 맴돌게 된다. 몇 년이 흘러도 계속 그 노래가 생각

난다. 나 때문에 이틀 내내 똑같은 후렴구가 머릿속에 맴돌고 있다면 용서해주길 바란다. 하지만 이미 내 머릿속에도 후렴구의 중독성이 짙은 곡 〈마카레나La Macarena〉와 〈데스파시토Despacito〉가 맴돈다. 혹시 이보다 더 나은 예시가 떠오르는가?

물론 그 노래들을 여러분들 머릿속에 심어주려는 의도는 전혀 없기 때문에, 반딧불이에 대한 낭만적인 가사를 크게 읽어줄 것이다. 짧지만 계속 생각나는 문구이다. 그들에게는 우리를 자연과 전 세계 모든 마술에 연결할 수 있는 엄청난 능력이 있다. 멕시코의 시인이자 수필가인 루이스 비센테 데 아구이나가Luis Vicente de Aguinaga는 이렇게 말했다.

> 반딧불이가 빛을 내는 건 대단한 게 아니다.
> 따라서 그 위대함을 부인할 때,
> 우리는 그 매력을 발견한다.

이 문구를 보고 난 후 어둠 속에서 철학적 영감이 솟아올랐고, 반딧불이에 관한 생각이 술술 써지기 시작했다. 반딧불이는 은유적인 표현에서 널리 사용되며, 선함과 희망, 긍정적인 생각 같은 개념과 연결된다. 그들은 어두운 터널 끝에서 보이는 빛과 같은 존재이다. 예를 들어 "검은 그림자를 놀라게 하다nigrantes territat umbras"라는 라틴어 표현은 악령을 뜻하는 검은 그림자들을 몰아내는 그들의 능력을 뜻한다. 악이 항상 선에 끌리고 그것을 무너뜨리려 하는 것처럼, 사람들은 어둠이 항상 빛을 따른다고 생각한다. 반대로 반딧불이가 어둠의 세상을 비추는 빛이라고, 이런 사실을 우리에게 일깨워주기 위해 이 지구에 존재한다고 긍정적으로 생각하는 사람들도 있다.

깊이 생각하고 분석한 뒤, 나는 반딧불이가 빛과 어둠 중 하나가 아닌 둘 다라는 결론을 내렸다. 이래서 내가 철학을 전공하지 않았던 것 같다. 아무튼, 이미 들어봤던 말이겠지만 반복해야겠다. "반딧불이가 빛을 내는 건, 모든 게 마술과 환상이기 때문이다."

17

개미

아무도 낙오되지 않을 것이다

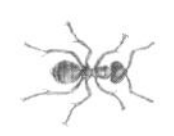

"우리는 마부이고, 길에서 만날 거야!"〔행한 대로 되돌아온다는 경고의 뉘앙스가 담긴 격언〕 절망에 빠진 작은 개미 한 마리가 자기 말을 들을 수 없는 한 남자를 향해 소리쳤다. 성가신 검은 침입자의 기습 공격에 분노한 남자가 문틀에 독극물까지 뿌려놓았기 때문이다. "만족할 줄 모르는 탐욕스러운 동물들 같으니! 그들은 우리 들판과 마을, 도시를 침략하고 우리 인간의 영역 중 가장 신성한 곳인 집 안에도 들어왔다. 그들은 혼란과 파괴를 일으키는 존재일 뿐이다. 우리의 곡물을 훔치고 음식까지 먹어 치운다. 또 우리가 키우는 식물을 죽이고, 소중한 정원에 여기저기 구멍을 뚫어놓는다. 과연 그들은 누구일까?"

화가 난 남자가 뿌리 깊은 인간 중심적 사고를 하는 동안, 개미 군대 수백 마리가 그의 신발을 타고 올라가기 시작했고, 바지 아래로 침투해 폭신한 양말을 밟았다. 그렇게 가미카제〔제2차 세계대전 당시 폭발물을 실은 비행기를 목표물을 향해 몰았던 일본의 자살 특공대〕 임무를 수행하는 수십에서 수백 마리 개미가 집단의 이익을 위해 목숨 바쳐 그를 물기 시작했다. 모든 머리카락과 피부 주름, 가는 도중에 발견한 모든 천 조각의 실을 타고 기어올랐다. 어떻게든 그들을 막는 게 중요했다! 물어뜯겼다는 걸 알고 겁이 난 그는 결국 '개미약' 가루 봉지를 뜯었다. 그리고 손으로 개미들을 털면서 달리기 시작했고, 중간중간 신발로 바닥을 세게 구르며 몸에서 그들을 떨어뜨리려 애썼다. 다행히 어느 정도 떨어졌고, 개미들은 치명적인 독성 분말로 덮인 출구를 피해 복잡하고 넓은 은신처로 후퇴할 만한 시간을 벌었다. 과연 이 게임의 승자는 누구일까? 승자는 없다. 어쨌든 개미들은 살아남았으며, 외부에 새로운 출구를 뚫고 끊임없이 식량 수확 작업을 이어갔다. 나는 날씨가 좋을 때면 매일 그들을 지켜본다. 그들은 내가 쉴 틈 없이 원예 작업을 하는 주택단지 정원에 살고 있기 때문이다.

겨울이 지나고 태양이 봄의 온기를 퍼뜨리기 시작하면, 개미들은 기쁜 마음으로 다시 지하 도시에서 나오기 시작한다. 이는 씨앗을 찾고 식량을 모을 준비가 잘되어 있다는 뜻이다. 작년 봄에 나는 잔디를 심고 있었다. 잔디는 물 부족과 질병 등 거의 모든 어려움을 잘 견디는 매우 비싼 품종 중 하나다. 그러나 아직은 개미를 막을 저항력이 없었고, 개미들은 빛을 거부할 수 없는 반딧불이처럼 씨앗 냄새 앞에서는 도저히 참을 수가 없었다. 씨앗을 좌우로 한 줌씩 던지면 탐험가 개미들이 재빨리 발견했다. 그리고 그 소식은 모든 형제자매에게 놀라운 속도로 전달되었다. 결국 내가 뿌린 씨앗들은 수백 마리의 개미를 집결시켰고, 이내 그 주위에 고속도로가 만들어졌다. 나는 생물학자의 마음으로 도저히 그들을 해칠 수가 없었고, 일하는 동안 그들이 씨를 훔쳐가는 모습을 보고도 웃으며 못 본 체했다. 물론 내가 씨앗을 낭비한다는 걸 주택단지 대표가 모른다는 전제하에 가능한 일이었다. 다행히도 그는 내게 뭔가 말할 정도로 나와 친하지 않았고, 인간과 개미의 분쟁에 관한 세부 사항을 알려준 사람은 이곳에서 일하는 수위였다. 올봄 '신기하게도' 씨앗이 발아하지 않은 부분에는 다시 심기로 했다. 싹이 트지 않은 건 아마 그 땅에 잔디 씨앗이 하나도 남지 않았기 때문일 것이다. 이번에는 씨앗이 모두에게 나눠줄 만큼 충분한 양인지 먼저 살펴봐야 할 것 같다.

이런 일은 전 세계에서 매일매일 벌어진다. 우리는 인간 세계와 개미 세계가 충돌할 때 개미들의 입장을 헤아리지 못한다. 그들도 우리처럼 약 1억 2000만 년 동안 생존을 위해 야생의 자연과 싸워왔는데도 말이다. 오래전부터 자신들만의 이야기를 만들어내기 시작한 걸 보면, 그들은 다양한 면에서 엄청난 진화를 이루어왔다. 우리는 종종 개미와 꿀벌이 '완벽한 사회'를 형성한 유일한 동물이라고 말한다. 개미 사회에는 일을 둘러싼 명백한 구분과 계층에 대한 존중이 있다. 그 세계는 너무 복잡해서 우리가 이해하기 힘들다. 1만 2500가지 이상의 개미 종은 놀랄 정도로 각기 다르기 때문이다. 전 세계 인류와 비교하기 어렵다는 사실을 증명하려면 그들의 삶과 아지트로 깊숙이 들어가 봐야 한다. 하지만 어쨌든 그들은 인간처럼 조직화한 사회생활을 필요로 한다.

개미들은 종마다 다른 행동과 습관, 실생활이 있는 고유한 나라를 형성하고 있으며, 더 큰 행복을 위해 개인의 자유를 희생한다. 하지만 때때로 더 큰 행복을 찾아 여왕을 살해하거나, 경쟁자 군락과 동맹을 맺는 등 심각한 반역죄를 저지를 수도 있다. 그들을 생각하다 보니 그럴듯한 드라마 대본 하나가 떠오른다. 호세피나 여왕의 15주년 파티가 있던 날 밤, 개미 마리아 호아키나가 개미 프란시스카 과달루페에게 위쪽 농장 개미들이 그녀를 납치하기 위해 기습 공격을 할 거라고 미리 알려준다. 이를 어쩐담!

일부 종은 엄격한 채식을 하지만, 어떤 종은 육식과 채식을 절반씩 하거나 주로 썩은 고기를 먹기도 한다. 또 어떤 개미들은 목장을 운영하고, 어떤 개미들은 자기 먹이를 직접 재배하기도 한다. 그러나 기회주의자들도 있다. 먹이를 훔치거나, 그저 다른 개미집 안에서 사는 천하태평 개미들도 있다. 어떤 개미는 평화주의자이지만, 또 어떤 개미는 다른 개미들과 전쟁을 벌인다. 특이한 사기꾼 개미들과 다른 개미들을 무자비하게 노예로 삼는 개미들도 빠뜨릴 수 없다. 드라마 〈왕좌의 게임〉의 개미 버전을 생각하면 될 것 같은데, 여기에는 계속 시즌을 만들 만한 이야깃거리가 가득하다.

그러나 이들은 공통적으로, 작은 가시와 예민한 잔털로 가득한 단단한 외골격 아래 아주 작은 심장이 있다. 가장 잔인한 종들이라고 해도 새끼를 돌보고 보호하려는 본능이 있어서, 자녀들이 스스로를 지킬 수 있을 때까지 핥아주고 먹이를 공급한다. 그러나 모든 권력에는 약점이 있듯이, 강철 심장을 지닌 가장 강한 개미도 마음이 약해질 때가 있다. 상처를 입거나 연약한 동료들을 모아 개미집으로 데리고 가거나, 모두 함께 퇴각할 수 있도록 나머지 부대를 기다려준다.

내가 개미를 얼마나 사랑하는지 계속 이야기하고 싶지만, 여기에서 잠깐 자기 업적을 자랑스러워하는 전사 개미 이야기를 꼭 넣어야 할 것 같다. 그들이 군복을 입는다면 모두 훈장을 달고 있을 것이다. 그들은 혼자 갈 때 거의 보이지 않을 정도로 아주 작지만, 나는 그들이 두렵다. 여러 번 물며 끔찍한 고통을 안겨주었기 때문이다. 하루는 더운 날 밤에 자고 있었는데, 그들 중 하나가 내 귀까지 올라왔다. 정말 세상에 내 귀처럼 불쌍한 귀도 없을 것이다! 내가 잠든 사이에 그 녀석은 프레디 크루거Freddy Krueger[영화 〈나이트메어〉 시리즈의 살인마이자 주인공] 식 계획으로 침투해서 길고 예리하며 뾰족한 끝으로 내 피부를 찢어놓았다. 그리고 날카롭고 고집 센 작은 소리로 자신들에 대해 이렇게 말하라고 '강요'했다. "우리는 세계를 정복했어. 우리는 '두려움'이라는 말이나 연민 따위는 모르는 전문적이고 강한 전사야. 얼른 이걸 세상에 전해!"

또다시 그때의 악몽을 기억하고 싶지 않으므로 그 이야기는 이 정도로 짧게 넘어갈 것이다. 그들의 이름이 모든 걸 말해주는데, 물렸을 때 불쾌하고 고통스러운 감각을 뜻하는 복수형 이름으로 '피카두라스picaduras'(무는 자들)라고 불리기도 한다. 어떤 개미는 한 번만 물지만, 또 어떤 개미는 연속적으로 여덟 번까지 포름산을 주사할 수도 있기 때문이다. 나는 그들과 힘든 일을 많이 겪었다. 특히 열대 지역 종인 열대불개미*Solenopsis geminata*는 전 세계에서 가장 널리 알려진 침입 개미 종이지만, 그렇다고 가장 유명한 건 아니다. 거의 비슷하지만 더 공격적인 붉은불개미*Solenopsis invicta*도 있기 때문이다. 아직은 그들과 만나는 기쁨을 누리지 못했지만, 이미 열대불개미를 많이 만났기 때문에 굳이 그들까지 만나고 싶지는 않다.

이런 아름다운 장면을 상상해보시라. 보름달이 뜬 고요한 밤, 새끼 바다거북 수백 마리가 모래에서 빠져나온다. 그들은 얼른 물가로 나가서 해류를 타고 광대한 태평양으로 들어가기 위한 에너지와 흥분으로 가득하다. 문제는 빌어먹을 인공 불빛이다. 잠자리와 반딧불이를 비롯한 수많은 곤충이 가로등의 최면에 눈이 멀어 얼마나 많이 죽었는지! 우리 친구인 유럽 반딧불이는 빛 오염을 해결하는 법을 배우고 있다. 그러나 우리의 사랑하는 새끼 거북들은 그렇지 못하다. 그들은 인공 불빛과, 위치를 찾게 해주는 자연 가이드로서 바다 표면에 반사되는 달과 별의 빛을 헷갈린다. 그래서 호텔 정원과 해변에 켜진 건물의 불빛을 보다가 정원 잔디에서 길을 잃고, 하수구에 떨어지면서 찾아가야 할 유일한 출구로부터 점점 더 멀어진다.

그들의 발자국을 발견했을 때, 함께하던 자원봉사자들(주로 스페인 사람들)과 나는 밤중이나 아침 일찍 너구리와 해오라기, 그리고 고양이의 매복에서 살아남은 소수의 새끼 거북들을 급히 찾아 나섰다. 때로는 둥지 속의 새끼들을 구출했지만, 개미들이 한발 앞서 도착하는 바람에 미션을 성공하지 못할 때도 있었다. 그렇게 작은 개미들이 그런 큰 피해를, 그것도 빨리 입힐 수 있다는 게 놀라울 뿐이었다. 무방비 상태에 있던 새끼 거북들이 개미집의 여러 입구 중 하나를 지나거나 그 근처로 걸어갈 때, 모든 개미가 공격을 위한 일반 경보를 울렸다. 개미들은 몇 초 만에 새끼 거북들 위로 타고 올라가 눈꺼풀과 배설강, 그리고 여전히 남아 있는 작은 '배꼽' 모양의 난황 같은 가장 부드럽고 민감한 부분들로 향했다. 그들은 턱에 매달려 물기 시작했고, 새끼 거북들은 몇 분도 채 안 되어 치명적인 과민성 쇼크를 일으켰다. 어이구, 정말 운도 없다!

지금도 그 장면을 생각하면 참을 수 없는 분노와 좌절감이 밀려온다. 시간에 맞춰 도착했는데도 겨우 몇 마리가 새끼 거북들에게 올라가 죽게 만든 경우도 종종 있었다. 때때로 우리는 작은 집게를 사용해 그들을 떼어내야 했다. 너무 강력하게 붙어 있었기 때문이다. 머리가 아닌 다른 곳을 잡고 떼어내면 몸이 분리되어도 계속 물고 있었다. 구출한 새끼 거북은 바닷물이 조금 담긴 용기에 넣어주었다. 그리고 바다로 들어가 파도를 극복하기에 충분히 활동적인 상태임을 확인할 때까지 잠깐 회복할 시간을 주었다. 내 기억에 자원봉사자들은 이런 개미들 때문에 많은 어려움을 겪었고, 불쌍한 새끼 거북들과 오랫동안 함께 지내야 했다. 다음 날 놓아주기 위해 마르가 새끼를 집으로 데려왔던 것도 여러 번이었다. 우리는 많은 도움을 줄 수는 없었지만, 최소한 고통의 순간만은 함께 해주었다. 이게 바로 공감이다! 자연에는 공감이 존재하지만, 불행히도 우리의 불편한 개미는 그걸 모른다.

이 개미들은 자기가 태어난 곳에서는 문제를 일으키지 않는다. 그곳에는 적들의 접근을 막는 것과 비슷한 수준의, 혹은 더 공격적인 종들이 이미 있기 때문이다. 그러나 더 강한 존재가 없는 곳에 도착하면, 완전히 기고만장해져서 슬슬 일을 벌인다. 그러나 늘 그렇듯 얼마 되지 않아 더 똑똑한 누군가가 나타난다. 우리의 '진화evolution' 여사는 붉은불개미를 수하에 넣기 위해 다시 나선다. 늘 존경받는 우리의 친구인 '진화' 여사는 불개미로부터 세상을 구하기 위해 선택받은 아주 작은 파리를 등장시킨다. 그들은 보통 '머리를 자르는 파리Pseudacteon curvatus'[벼룩파리과 소형 파리의 일종]라고 불리는데, 이때 개미의 머리를 자르는 건, 정확히 말하면 양검 모양의 긴 침이 아니다. 그 지저분한 일은 애벌레가 대신한다. 따라서 파리 성충은 개미집 위로 날아가서 허를 찌르는 신속한 침 공격으로 개미 체내에 200개의 작은 알 중 하나를 낳는 일에 집중한다. 그 안에서 애벌레가 부화하면 기생하는 말벌 유충처럼 개미의 체액을 먹기 시작하는데, 일주일이 채 걸리지 않는다. 이 애벌레는 자라면서 개미 머리로 가 천천히 머리를 파먹는다. 그렇다고 개미가 죽는 건 아니지만, 애벌레가 성숙을 마칠 때까지는 움직이지 않는다. 그런 다음에는 개미의 머리를 잘라내는 효소를 분비하고, 새로운 파리 성충이 천천히 그 머리에서 나온다. 역사상 최악의 외계인 등장 장면처럼 그 파리는 새로운 주기를 반복하고, 번식하기 위해 머리에서 빠져나온다. 정말 무시무시하고 소름 끼치는 이야기 아닌가? 그러나 이것이 바로 자연이고, 머지않아 다시 균형이 잡힐 것이다.

이제 다시 훌륭하고 숫자도 많으면서 부지런하기까지 한 개미 이야기로 돌아가 보자. 팀워크, 즉 식물과 개미 사이에 형성된 매우 멋진 팀 이야기를 할 차례이다. 혹시 내가 가장 아끼고 사랑하는 식물 이야기가 앞에서 이미 다 끝났다고 생각했는가? 어떻게 멈출 수 있겠는가! 여전히 나는 식물이 이 세상에서 가장 수완이 좋고 동적인 존재라고 생각한다. 가장 흥미롭고 멋진 이야기 중 하나는, 바로 동물과 식물이 공동의 이익을 위해 동맹을 맺었다는 사실이다. 내가 볼 때 분명 이들은 매우 가깝게 지내고 있다. 이번 이야기는 '나무-개미'의 흥미로운 사례인데, 어떤 나무는 많은 잎을 먹는 동물과 다른 식물로부터 자신을 지키는 데 개미를 이용하는 법을 배운다.

일부 식물들은 포식자를 막고, 심지어 죽일 수 있는 대단한 방어 메커니즘을 개발했지만, 또 어떤 식물들은 24시간 무장한 경호원을 세우는 게 좋다는 걸 알아냈다. 전 세계적으로 자기 이익을 위해 개미를 이용하는 식물이 약 500종에 이른다는 사실이 밝혀졌다. 과학 용어로는 '미르메코필리myrmecophily'('개미 사랑'이라는 뜻)라고 하는데, 물론 이는 인간에게까지 확장될 수 있다. 예를 들어 나는 내가 개미를 사랑하는 사람이라고 생각한다. 그들에게 감탄하고 사진을 찍는 걸 보면 그렇다. 직접 만지는 건 전문 개미학자들의 몫으로 남겨두지만 말이다. 개미먹기myrmecophagy도 있는데, 그들은 개미를 먹는 특이한 취향이 있다. 비록 조상들의 관습이었다고 해도, 오늘날 이것은 이상한 유행이 되어가고 있다.

미르메코필리 나무가 많이 있지만, 그중에서도 가장 유명한 나무는 바로 아카시아이다. 이런 독특한 나무들은 빈대와 딱정벌레, 송충이 같은 수많은 작은 존재는 말할 것도 없고, 많은 영양과 기린, 코끼리의 먹이가 되는데, 아프리카 사바나에 관한 다큐멘터리에서 주로 볼 수 있다. 아프리카 아카시아Acacia drepanolobium〔휘파람가시나무whistling horn라고도 불림〕는 그들과 싸우기 위해 크레마토가스터 미모시Crematogaster mimosae라는 개미를 모집한다. 참, 이들은 스페인어로 흔히 '모리토morito'〔스페인과 국경을 접한 북아프리카의 사람을 뜻하는 '모로moro'를 가볍게 지칭하는 말로, 작고 검은 개미를 뜻함〕라고 부르는, 나무 주위에서 배회하는 이들과 매우 유사하다.

아카시아는 충성의 대가로 개미들에게 식량과 알을 낳을 장소를 제공한다. 그들은 얇고 날카로운 가시 속을 수리해서 가운데를 볼록하게 하고 내부에 편안한 보금자리를 만들어 개미가 알을 낳을 수 있게 해준다. 또한 개미에게 식량을 주기 위해 작은 리가마사ligamasa(설탕이 풍부하게 농축된 형태의 꽃물) 방울을 분비하는 꿀샘 구조를 만들었다. 그러나 개미는 '좀 더 양분이 풍부한' 먹이를 찾기 위해 그 나무에서 점점 멀어져갔다. 그러자 아카시아는 잎 끝에 단백질을 비롯한 영양소들이 담긴 작은 진주 모양의 '벨트체Beltian bodies'라는 물질을 분비하는 종으로 변화하기 시작했다. 다행스럽게도 아직 미모사 개미가 남았다. 그리고 마침내 모두가 만족하게 되었다! 만일 어떤 부주의한 동물이 그 나뭇가지 중 하나라도 스치면, 화난 개미 무리는 나무를 지키기 위해 재빨리 밖으로 나온다. 그 불쌍한 작은 동물이 파리와 등에의 끝없는 괴롭힘 때문에 가려운 등을 긁을 방법을 찾다가 나뭇가지를 건드렸다고 변명해도 소용없다.

열대와 온대 기후인 미국에서는 포식자가 달라도 똑같은 일이 발생한다. 그곳에서 가장 큰 위협은 아카시아를 특별히 좋아하는 수많은 잎꾼개미leaf-cutter ant(가위개미, 파라솔 개미)를 포함한 곤충들이기 때문이다. 짐작이 가겠지만, 나와 미국 아카시아의 인연은 어렸을 때 시작되었다. 나는 파도가 내놓은 '선물'을 찾기 위해 아무도 밟지 않은 넓은 해변을 형제들과 함께 누비곤 했다. 우리는 모래 위를 맨발로 걷다가, 속이 텅 비긴 했지만 매우 날카로운 가시들에 발이 찔리곤 했다. 그것들은 황소의 뿔과 비슷한 활짝 열린 브이 자 모양이었다.

우리는 셀 수 없이 수많은 가시에 찔렸는데, 너무 단단하고 날카로워서 밑창을 뚫고 들어올 정도라 샌들을 신어도 소용이 없었다. 주워서 잘 살펴보니 측면에 몇 밀리미터의 작은 구멍들이 나 있었다. 좀 더 커서 부모님이 정글 속 더 넓은 곳을 탐험하도록 허락해주시기 전까지는 너무 흔해서 별로 관심을 두지 않았다. 그러던 어느 날, 해변 뒤에 가시가 많은 숲으로 조금 더 깊이 들어가 보았다. 그리고 들어서자마자 실수로 그만 수백 개의 가시로 덮인 나뭇가지 중 하나에 머리를 스쳤다. 불과 몇 초 만에 목과 귀에 엄청난 통증이 시작되었다. 나는 거기서 도망쳐 나와 물속으로 뛰어들었다. 마치 목에 불이 난 것만 같았다. 해변에 있던 가시들이 어디에서 왔는지는 알았지만, 그 작은 원형 구멍의 기원은 여전히 미스터리이다. 또다시 조사하러 들어가고 싶지는 않았기 때문이다.

이후 생물학도였던 나는 해안가에 살게 되었다. 많은 초목 중에 주민들이 혐오하는 '하레타데라jarretadera'(아카시아 힌드시Acacia hindsii)라고 불리는 개미 나무가 그곳에 버젓이 있었다. 하지만 식물 전문가인 우리 교수님을 포함한 그 누구도 단어의 의미를 말해주지 않았다. 그러다가 스페인으로 이사를 했고, 끔찍한 투우의 기원을 연구하면서 우연히 그 뜻을 발견하게 되었다. 로마 시대에는 야생 황소를 사냥할 때 초승달 모양의 무기를 사용해서 뒤쫓아 오는 황소의 '뒷다리 무릎을 잘랐다'(스페인어로 '데스하레타르desjarretar'라고 함). 즉, 끝부분에 날카로운 초승달이 달린 창과 같은 무기로 뒤에서 다리 힘줄을 잘라 도망가지 못하게 했다. 그렇게 전통적인 사냥 기술을 사용하다가 우연히 귀중한 가죽을 손상하지 않는 방법을 알게 되었다. 내가 추측하기로는 누에바에스파냐[스페인 통치 기간 동안의 멕시코 이름]의 첫 식민지 주민들이 이 무기를 알고 있었고, 그 나무를 그렇게 부르기 시작한 것 같다. 나무의 씨앗 모양이 '소의 무릎을 자르는 반달 모양의 칼'(스페인어로 '데스하레타데라desjarretadera')을 연상시켰기 때문이고, 시간이 지나면서 현재 쓰이는 단어처럼 간단하게 줄여 불리기 시작했을 것이다. 로마 역사나 고대 스페인에 대한 지식이 없는 현대의 우리가 그 이름의 잔혹한 기원을 추론할 수 없는 건 당연하다. 다행히도 그것은 널리 사용되는 무기가 아니었기 때문이다.

간단하게나마 역사적 기록을 전했으니, 이제 마지막 미스터리인 원형 구멍의 원인도 설명해야 할 것 같다. 그에 관한 지식에 열망이 있고 나무의 비밀을 발견할 준비가 되었다면, 이제 쇠뿔아카시아bullhorn acacia의 튼튼한 가지에 붙어 있는 가시들을 자세히 살펴볼 것이다. 나는 나무의 어떤 부분에도 몸이 닿지 않으면서 가능한 한 가까이 관찰하려고 노력했다. 보다 보니 파릇하고 작은 가시들이 아닌 아주 크고 성숙한 가시들에만 그 구멍들이 뚫려 있었다. 구멍 속에는 작은 개미들이 쉬지 않고 계속 왔다 갔다 했다. 단 1초도 쉬지 않고 계속 움직이는 바람에 자세히 관찰하기는 힘들었다. 그들은 보디가드 개미*Pseudomyrmex veneficus*였고, 이 가시들은 아프리카 아카시아에서처럼 집으로 사용되도록 설계되었다. 그들은 가시가 아직 파릇하고 부드러울 때, 부리로 하나 또는 두 개 가시를 절개해서 그 안에 집을 만든다. 집이 이렇게 완성되다니, 정말 놀랍다!

그곳에서 아카시아 아래로 걷는 건 비교적 쉬웠는데, 마치 이 아카시아의 전용 숲인 듯 다른 식물은 자라지 않았기 때문이다. 물론 아카시아가 없는 곳에는 식물들이 매우 풍성했다. 놀랍게도, 우리의 친절한 보디가드 개미는 나무를 방어할 뿐 아니라, 그 아래에서 자라나 미래에 빛을 차지하는 데 경쟁 대상이 되는 모든 식물을 정기적으로 가지치기하며 정원 관리까지 해준다. 그들의 일은 확실히 비싼 임금을 지급할 만한 가치가 있다.

내가 '정글 하우스'에 살면서 악어를 찾으러 갔을 때, 그 아카시아(하레타데라) 숲 중 하나를 지나갔었다. 발을 내디딜 때마다 무성한 잎 사이에 위장해 있던 새 한 마리가 급하게 날아갔는데, 정말 얼마나 놀랐는지 모른다! 이후에 그 새를 찾아보려고 가능한 한 천천히, 그리고 바닥을 조심스럽게 밟으려 애썼는데, 날아가기 전에는 전혀 눈에 띄지 않을 정도로 엄청난 위장술을 보유하고 있었다. 그 새는 세계에서 가장 덜 알려진 가장 신비한 야행성 새 중 하나로, 스페인에서도 발견되었다. 쏙독새nightjar, Caprimulgus sp.라고 불리며, 멧비둘기 정도 크기로 개미의 방어법을 이용할 줄 안다.

또 예상치 못한 참석자가 있었는데, 바로 미국에서 '길 덮개road-coverer'라고 불리는 큰 쏙독새의 일종Nyctidromus albicollis이다. 그들의 소리는 밤에 흔히 들을 수 있고, 직접 볼 수도 있다. 보통 낮에는 바닥에 감쪽같이 위장해 있다. 게다가 아주 조용히 날 수 있는데, 비행 중에 깃털의 가장자리를 살짝 바꿔 소리를 줄인 채로 조용히 우리 코앞을 지나갈 수 있을 정도이다. 그들의 야간 사냥 적응력은 매우 흥미로우며, 한 장을 할애해 쓸 가치가 있을 정도로 훌륭한 곤충 사냥꾼이다. 거대한 눈과 고양이 수염처럼 보이는 부리 주변의 특별한 깃털은, 그들 앞으로 지나가는 곤충을 입에 넣기 위한 그물로 사용한다. 다른 많은 종과 마찬가지로, 이 새는 염소의 우유를 빨아먹길 좋아한다는 바보 같은 신화와 전설에 둘러싸여 있다. 이는 염소가 수많은 곤충을 끌어들이기 때문일 것이다. 아니면, 너무 작은 다리로 걷지 못해서 땅바닥에 앉아 있을 때, 가끔 염소 아래에도 있기 때문일 것이다. 정말 인간의 상상력은 동물의 독창성처럼 끝이 없다.

쏙독새는 이 나무 아래에서 쉬면 안전까지 보장될 수 있다는 걸 발견했다. 그래서 암컷 쏙독새는 땅에 알을 낳고 무성한 잎 속에 숨는다. 이곳은 새끼가 태어난 후에도 이동하지 않고 안전하게 머무를 수 있는 장소이다. 내가 풀지 못한 유일한 미스터리가 있는데, 어떻게 보디가드 개미들은 그들에게 자기 영역에 있을 수 있는 특권을 내주었을까? 정말 모를 일이다. 어쩌면 개미들이 그들에 대해 겁을 먹고 있어서 악마가 일부러 보냈다든지, 아니면 새의 날개를 물면 눈병이 나듯 저주받을 거라는 등 개미 미신이 가득한 전설을 만들어냈을지도 모른다. 아무튼 개미들은 숲속 수다쟁이들이긴 하지만, 이 독특한 새를 보호해줘서 기쁘다.

아카시아와 보디가드 개미, 그리고 그들의 상호작용에 관한 모든 이야기는 무척 아이러니하다. 그들의 관계가 너무 복잡해졌고, 나무들은 이제 개미들보다 잃을 것이 더 많아 보이기 때문이다. 보디가드 개미가 없는 지역에서는 아카시아가 더디게 자라고 약해진다. 그들에게 충성을 맹세하지 않은 다른 개미 종의 공격을 당하기 때문이다. 그들의 가시에서 살 수 있는 매우 유사한 두 종이 있긴 하지만, 침략자들이 왔을 때 공격하지 않기 때문에 다른 곤충들이 와서 수액을 빨아먹는다. 그 개미 종들은 다른 종의 개미가 와도 아랑곳하지 않으므로 무심하게 있다가 밤새 나뭇잎이 완전히 떨어질 수도 있다.

스페인에서 봤던 최악의 시나리오는 지난봄 주택단지에서 경험한 일이지만, 멕시코에서는 매일 밤 땅속 깊숙한 곳에서 생겨나는 수많은 개미 군대가 나무와 식물의 잎을 다 잘라놓아 혼란을 일으킨다. 만약 주택단지 대표가 잔디 씨앗을 훔치는 개미를 봤다면, 또는 가지와 잎이 무성하고 꽃이 잔뜩 피는 부겐빌레아의 잎과 꽃이 완전히 다 떨어진 걸 봤다면 무슨 일이 벌어질지 상상도 하고 싶지 않다. 분명 먼저 구급차를 불렀을 것이다. 애벌레의 작품 활동이나 잎을 자르는 벌(알팔파가위벌)의 방문으로 우리의 소중한 장미 잎이 절반만 남거나 구멍 난 모습을 금방 마주할 것이기 때문이다. 이미 그 정도만 되어도 구급차 사이렌을 울려야 하는 충분한 이유가 된다.

우리의 친구 잎꾼개미들은 그 잎을 사용해 집을 짓는 것도, 먹는 것도 아니다. 그렇다면 왜 그토록 원하는 걸까? 이름을 보면 그들의 특징이 잘 드러나기 때문에 우선 소개부터 해보자. 그들은 추수꾼들, 고엽제, 큰 개미, (가장 재미있는 이름인) 파라솔 개미 등으로 불린다. 이런 이름의 개미들은 미 대륙에만 살고, 매우 특별한 생활 방식을 공유하는 약 50종으로 구성된 특별 개미 클럽에 속해 있다. 그들은 훌륭한 사회조직 때문에 개미학자들 사이에서 유명해졌지만, 농부들과 정원사들에게는 엄청난 두통거리이다. 그러나 나는 정말로 그들이 좋다! 개미집 안은 우리가 사는 도시에 버금갈 정도로 매우 복잡하다. 그리고 여왕이 있는 한 혼돈이란 없어서, 모범적인 모계제도를 인정하지 않을 수가 없다. 이 도시들은 고속도로와 2차 도로로 완벽하게 상호 연결되어 있으며, 완전히 복잡하게 얽힌 방들이 있다. 수십 또는 수백 미터 떨어진 비상구와 통풍구, 통로, 쓰레기 보관소, 그리고 가장 소중한 비밀인 몇 개의 큰 식량 창고들이 있다.

나는 어린 시절에 수족관을 너무 좋아했고, 자전거를 타고 시골을 달렸으며, 길가에서 주운 자갈들로 돌담을 쌓곤 했다. 물론 아주 큰 돌담이었다. 그 돌은 적갈색의 입자로 되어 있는 우수한 품질의 자갈로, 크기가 모두 비슷했다. 흐르는 물에 씻어서 수족관 바닥 장식용으로 친구들에게 킬로그램 당 얼마를 받고 팔았다. 물론 맨손으로 그 일을 했는데, 그때마다 개미들이 크게 화를 내서 최대한 빨리 돌을 수집하는 게 중요했다. 가장 두려워했던 것은 경이로운 군인들이 아니라 작은 일개미들이었다. 그렇다, 일개미들의 성질은 장난이 아니었다!

다시 이전 이야기로 돌아와서, 아카시아는 이 개미들이 가장 많이 찾는 나무로 내가 태어난 반건조성 지역에서 흔하게 볼 수 있다. 원예장에서 판매되거나 우리 집 정원에 있는 식물들처럼 이국적인 종은 많지 않다. 사랑하는 마르를 만나기 전, 우리 집에서 가장 매력적인 존재는 거대한 부겐빌레아였다. 그것은 벽 전체를 덮고 있었는데, 방해받기를 거부한 거대한 말벌에게 피난처가 되었다. 덕분에 나는 말벌의 끊임없는 출입을 즐길 수 있었을 뿐만 아

아지트로 무거운 씨앗을 옮기기 위해

서로 협력하는 개미들.

니라, 이웃 아이들이 그 벽 가까이에서 축구를 하지 않도록 설득하는 데 좋은 핑겟거리로 삼았다.

파라솔 개미들은 매년 그리고 여러 차례 밤에 나타났고, 때로는 낮에 와서 계속 일을 하기도 했다. 그들은 빛 아래에서 긴 길을 만들었는데 마치 용암이 흘러가는 것처럼 보였고, 그 안에는 급하게 행진하는 수천 마리의 개미가 있었다. 이 개미들은 다른 탐험가들이 식량을 찾기 위해 미리 만들어놓은 페로몬 흔적을 따라갔다. 밤이 되자 그 길은 혼잡한 2차선이 되었는데, 한쪽 길을 지나가는 개미들이 거대한 둥근 잎 조각을 들고 있었다. 때로는 그것이 개미들보다 훨씬 크고 무거워서 살짝만 바람이 불어도 옆으로 쓰러졌고, 짐을 두고 돌아오는 개미들에게 짓밟혔다가 다시 일어나기를 반복했다. 수많은 개미들 중에 아주 작고 빠르게 움직이는 일개미와 큰 병사개미가 정확히 구분되었다. 병사개미의 큰 머리는 강력한 턱 근육이 발달되도록 설계되었는데, 그들은 개미 떼를 보호하는 일 외에 수집 작업에도 기꺼이 참여한다. 속도는 느리지만 단결만은 타의 추종을 불허하기 때문이다.

나는 개미들이 가는 길에 신경을 써야 했다. 그 탐험가들은 큰 발견을 해도 만족하지 않고, 계속 탐험을 강행했기 때문이다. 그들은 밀가루로 만든 음식을 발견하면 바로 들고 갔다. 특히 개미는 기억력이 좋은 것으로 알려져 있는데, 이 사실을 여러 번 확인할 수 있었다. 안뜰에 들어가면 뭔가를 찾느라 시간을 낭비하지 않고 곧바로 강아지 밥그릇 쪽으로 다가갔기 때문이다. 먹이를 찾았을 때는 어떻게 일개미들에게 알리는지도 볼 수 있었는데, 몇 분 만에 그 음식들이 빨갛게 변해버렸다. 얼마 지나지 않아, 마치 만화를 보는 듯 음식들을 들어 어깨에 올렸다. 미끄러운 접시에서 크로켓을 꺼내기 위한 그들의 팀워크도 정말 인상적이었다. 한 번에 음식을 꺼내지 못할 때는 가장 작은 조각으로 잘게 나누었다. 나는 가여운 생각이 들어서 접시를 뒤집어 그 일을 쉽게 하도록 도와주기도 했다. 문제는 곡식 자루를 발견했을 때였다. 내가 그걸 치우지 않으면, 그 안에 있는 게 없어질 때까지 머무르기 때문이다. 거기에 감히 손을 넣은 사람은 없을 것이다. 영리한 암캐들은 고통스러운 수업 후에 깨달음을 얻었는지, 매콤한 크로켓 한 접시를 먹기보다는 다른 메뉴를 요구했다. 뜻밖의 사고였지만 기나긴 용암의 강, 즉 개미들이 어떻게 거대한 강아지용 크로켓을 운반하는지(때로는 여러 개를 질질 끌고 감) 지켜보는 일은 정말 흥미로웠다.

이런 설명을 듣고 그들이 일으키는 혼란을 생각하면 매우 나쁜 개미처럼 보일 수도 있다. 단 하나의 개미 집단이 하룻밤 사이에 수십 킬로그램의 잎을 수집할 수 있는 수백만 회원을 보유한다는 사실을 알게 되면 더 그럴 것이다. 물론 그들은 정원의 아름다움을 사라지게 할 수 있지만, 잎만 갉아먹는 경우라면 쉽게 회복될 수 있다. 어쨌든 그들은 식물이 죽는 걸 원치 않기 때문에, 우리의 신중한 개미들은 이 선택적 가지치기 후 회복을 위해 어느 정도 시간이 흐를 때까지는 같은 식물로 돌아오지 않는다.

1970년대가 되어서야, 그들이 잎이 아니라 개미집 속의 지하와 3차원 정원에서 자라는 버섯을 먹는다는 사실이 알려졌다. 인류가 지구를 파괴하지 않고도 농사짓는 방법을 발견하기 전에, 이미 지속 가능한 유기농업이 존재했던 것이다. 우리의 파라솔 개미 친구들은 철저히 균류 음식만 먹었는데, 바로 개미집 안에서만 찾을 수 있는 버섯을 재배하고 먹었다. 만일 개미집 밖에도 버섯이 있다면, 그런 버섯들은 구조 자체가 완전히 다를 수밖에 없다. 개미들이 많은 시간을 들여 관리한 버섯이 아니기 때문이다. 이런 상황은 옥수수나 토마토 종에도 똑같이 적용된다. 그러나 모든 작물과 마찬가지로 개미들의 버섯에는 많은 주의와 관리가 필요하다. 그들은 아주 많은 잎을 모은 뒤 씹어서 타액, 소변과 배설물을 섞는다. 잎이 그 속에서 완전히 절여지면, 버섯이 자랄 수 있는 영양 풍부한 배지를 만든다. 이후 계속 그것들을 청소하며 깎고, 버섯이 자라는 데 방해가 되는 다른 종을 제거한다. 상상할 수 있듯이 그들의 삶 전체가 버섯 주위를 도는데, 어떤 이유로든 그것이 죽으면 군락지가 사라질 것이기 때문이다.

개미와 말벌 또는 꿀벌을 연구해보면 조상이 모두 같지만, 과학자들은 자연에서 가장 복잡한 사회구조를 가진 생물을 정의하기 위해 '초개체superorganism'라는 용어를 만들었다. 이곳의 개미는 각각 심장이나 혈액 같은 우리 몸의 기관 또는 특수 세포처럼 행동하고 기능한다. 물론 우리의 추수꾼 친구들은 좋은 사례이지만, 유목 생활을 하면서 똑같이 강력한 다른 종들도 있다. 그들이 정글 속에서 끝없이 행진하는 동안 잠깐 동행한 적이 있는데, 감탄하지 않을 수가 없었다.

아프리카와 아시아, 미국에서 어디를 가든지 개미들은 잘 알려져 있다. 그들에게 다가가거나 그들이 안뜰이나 집에 들어가는 것을 보는 건 조금 겁이 나지만, 마을 주민들은 그들을 환영하면서 모든 종류의 해충을 제거하기 위한 동맹도 고려한다. 그들의 학명은 '에시톤 부르첼리이Eciton Burchellii'이지만, '군대개미', '군인 개미', '군단병', '장님개미siafu'라고 불리기도 한다. 그들은 한곳에서 오래 머물지 않는 지칠 줄 모르는 여행자이다. 이유 불문하고 자신을 방어하고 보호해야 할 때는 서로 입과 다리 사이를 연결해 거대한 개미 공을 형성한다. 또 저속촬영(초당 24장 이하로 느리게 촬영하는 기법으로, 영상을 상영하면 사물의 움직임이 본래 속도보다 빠르게 보임)을 보는 것처럼 행진하는데, 마치 상대방의 발꿈치를 치는 것처럼 항상 서두른다. 하지만 실제로는 절대 앞 개미의 발을 치지 않는다. 그리고 그 속도 때문에 길에 있던 희생자들은 무방비 상태에서 공격을 당한다. 상상이 가듯이, 그들은 훌륭한 사냥꾼이다. 가는 길에 있는 움직이는 그 무엇도 달아날 수가 없다. 그들은 날카로운 턱과 엄청난 숫자로 치명적인 공격을 가하는데, 강한 재규어도 겁에 질려 도망치게 만들 수 있을 정도이기 때문이다.

나는 아카시아를 지키는 개미를 경험한 후 더는 물리지 않았다. 그들과 한 유일한 일은 끝없이 늘어선 행렬 위에 자리를 잡고 사진을 찍는 일이었다. 개미들은 아주 빨리 이동했는데, 플래시를 포함한 정글의 희미한 불빛 아래에서도 움직였다. 나는 그들의 흔적을 따르려고 노력했지만, 사실상 거의 불가능했다. 몇 미터 앞에서 두 갈래로 갈라졌기 때문이다. 그들이 일으키는 혼란 때문이 아니라, 우리에게 전해주는 단결의 교훈 때문에 그들이 좋다. 즉, 여왕개미가 죽으면 군락의 나머지는 리더십을 잃는다. 멸망이라는 사형선고와 깊은 불안의 한가운데에서 개미들은 계속 살아야 할 새로운 이유를 찾는 듯이 숲으로 흩어진다. 운이 좋으면 그들을 맞아주는 다른 군단 병사 부대를 찾거나 자기 가족의 품속으로 들어간다. 군대개미의 좌우명은 "아무도 낙오되지 않을 것이다"이고, 어떻게든 그 말을 지켜낸다.

사람들은 지구상에서 가장 많고 다양한 곤충인 개미가 지구를 지배하고, 평화롭게 행동한다고 한다. 나도 그렇게 생각한다. 우리가 개미에게 걸맞은 상을 주고 싶어 하지 않더라도, 세상은 그들 덕분에 존재한다. 만일 우리 마을에 나쁜 영향을 주는 병을 치료할 수 있다면, 나는 그들에게 도움을 청할 것이다. 그들은 광범위한 경험과 진화의 흐름을 통해서 모든 병에 효과가 있는 치료법을 우리에게 전해줄 수 있을 것이다.

진흙과 타액을 사용해서 에너지를 절약하고 친환경 기술로 지은 크고 아름다운 성 모양의 '국경 없는 개미들Hormigas Sin Fronteras' 본부에 갈 수 있는 세상을 상상해본다. 성실한 모든 인간은 수많은 층으로 이루어진 거대한 도서관에서 늘 환영받는 존재이다. 거기서 우리는 개미들의 역사와 업적, 그들이 각 상황에서 사용한 독창적인 전략을 알아볼 수 있을 것이다.

수천 개의 책장은 삶처럼 다양한 주제로 완벽하게 구성되어 있다. 그 복도를 따라가자 '일차 충동 분석' 또는 '우리의 유전 경험 발견'과 같은 철학적인 제목이 눈에 들어온다. 또 다른 복도로 지나가보면 '너의 감정을 알라', '효과적인 의사소통을 위한 수천 가지 기술' 또는 '노동 정신 전염'과 같은 일상생활의 개선에 관한 책도 보일 것이다. 또 '유기농법과 농업 기술'과 '모든 동물을 위한 고통 없는 사육'에 관한 책들도 있을 것이다.

또한 그들은 모든 것을 공유하므로 인류 역사에서 길게 이어져 왔던 노예제도와 고문, 전쟁 주제를 다루는 더 강력한 책들도 모아두었을 것이다. 토론은 중재자 개미와 결론을 큰 소리로 읽어주는 다른 개미의 참여로 이루어진다. 모든 복도와 아름다운 진흙성 구석구석에는 항상 우리가 찾는 것을 응대하고 도와줄 개미가 있다. 그러나 가장 흥미롭고 초자연적인 곳은 안쪽 깊숙이 있는데, '모든 병의 치료법이 있는 개미 약국'이라고 적힌 신중한 간판이 눈에 들어올 것이다. 카운터에는 《페테테Petete의 책》〔페테테는 아르헨티나의 만화 캐릭터로, 그의 두꺼운 책은 인류의 모든 지식이 보존된 엄청나게 큰 백과사전임〕 같은 크고 두꺼운 책이 놓여 있을 것이다. 여기에서 우리는 아시아 식당의 메뉴처럼 이런저런 다양한 치료법을 요청할 수 있을 것이다.

"3486번, 2197번, 5036번을 주세요." 마침 새로 선출된 국회의원이 주문하고 있다.

"알겠습니다! 배신을 막는 치료법과 재화 조달 근절 치료법, 공감을 자극하기 위한 치료법을 찾으시는군요. 탁월한 선택이십니다! 저희는 비닐봉지를 사용하지 않기 때문에 신선한 잎에 싸드릴 건데, 놀라운 특성을 가진 포름산 약병도 하나 넣었습니다." 약사 개미가 대답한다.

'참 친절한 개미로군. 전에 집에 들어온 개미를 죽이기 전에 이런 생각을 해야 했는데!' 남자는 이런 생각을 하며 작별 인사를 건넨다.

나가는 말

사랑하는 독자들이여, 많은 이야기와 많은 교훈, 거기에 또 많은 생각까지 나누고 나니 이런 의문들이 든다.

거대한 나무들과 독특한 동물들은 우리와 뭐가 다를까?

혹시 우리는 그들에게서 인간은 하지 않는 행동을 보았을까?

삶이 너무 바쁘게 돌아가다 보니, 자연과 너무 멀어져 그들의 메시지를 이해할 수 없게 된 건 아닐까?

우리에게 필요한 건 아마도 하늘과 숲, 바다를 보고 그저 마음을 여는 일일 것이다.

> 자연보다 더 인간의 슬픔에 큰 위안을, 일에서 더 많은 휴식을, 삶의 투쟁 속에서 더 많은 차분함을, 영혼에 더 고요함을 주는 느낌은 많지 않다. 어느 정도 생기가 돌 때, 들판을 관조하는 것은 영적 질병을 치료해줄 가장 좋은 진정제이다. 풍경을 하나씩 바라보며 빨아들이다 보면, 인생의 가장 큰 즐거움 중 하나를 누리게 될 것이다.

빌바오 출신의 위대한 철학자이자 작가인 돈 미겔 데 우나무노 Don Miguel de Unamuno의 이러한 성찰은 오늘날 우리가 겪는 '자연 결핍 장애'를 치료하는 최고의 방법을 보여준다.

이를 위해서는 특별한 안경을 쓸 필요가 없고, 자연에 대한 고급 지식이 필요하지도 않다. 필요한 것은 오로지 우리 주변의 위대한 존재들에 대해 약간의 관용과 공감을 갖고, 자연의 풍요로운 느낌을 마음속에 담는 것이다.

이제부터는 나무 아래에 있거나, 우연히 곰이나 파리, 잠자리 또는 다른 생물을 만날 때 다른 눈으로 볼 수 있기를 바라며, 사랑하는 소중한 독자들에게 작별 인사를 전한다. 그들의 생명 자체에 대한 사랑과 존중, 그리고 느낌이 조금이나마 여러분들에게 전달되었길 바란다. 그럼 나중에 또 뵙길!

감사의 말

내 어린 시절을 특별하게 만들어주고 삶의 여행에서 항상 나와 함께해준 형제자매인 마누, 우고, 마엘리, 아달리에게 감사하다. 내 인생과 가족의 일부가 되어준 오페 아레발로에게도 감사하다. 고래들과 바다거북들, 악어들과의 모험 속에서 예상치 못한 동반자가 되어줄 뿐 아니라, 끝없는 조언을 건네준 프랭크 맥캔에게 감사하다. 이 위대한 친구가 없었다면 푸에르토바야르타에서 그렇게 잘 지내지 못했을 것이다. 학창 시절 나를 이끌어주고 영감을 주며 의욕을 갖고 몰두하게 했던 나의 위대한 스승 파비오와 아밀카르 쿠풀께도 감사한다. 또 나와 함께 고래들에 대해 배우고 경험하는 등 수많은 모험을 함께한 이사벨 카르데나스, 아스트리드 프리치, 페르난도 로모에게도 감사를 전한다. 무엇보다도, 수년간 편집자로 수고하며 무조건적 지원을 해준 친구 후안 에스피노사에게 특히 감사하고 싶다. 또 우정을 나눠주고 현명한 조언을 해준 크리스티나 킨타나에게 감사하다. 가장 어려운 순간에 항상 내 곁에 있는 가족들과 친구들에게도 감사하지 않을 수 없다. 또한 마법의 '이야기 천국'에 들어가게 해주고, 공개적인 자리에서 내 이야기를 함께 나눠준 디에스에게 감사를 전한다. 그 외 마음을 열고 삶에 들어가도록 허락해준 스페인의 모든 위대한 친구들에게도 감사하다. 말하지 않았지만 내 행복한 삶의 모든 순간을 풍성하게 만들어준 모든 위대한 분들에게도 감사하다. 끝으로, 신뢰를 보여주고 현명한 조언과 공감, 유머 감각을 발휘해준 편집자 크리스티나 롬바에게 감사를 전하고 싶다.

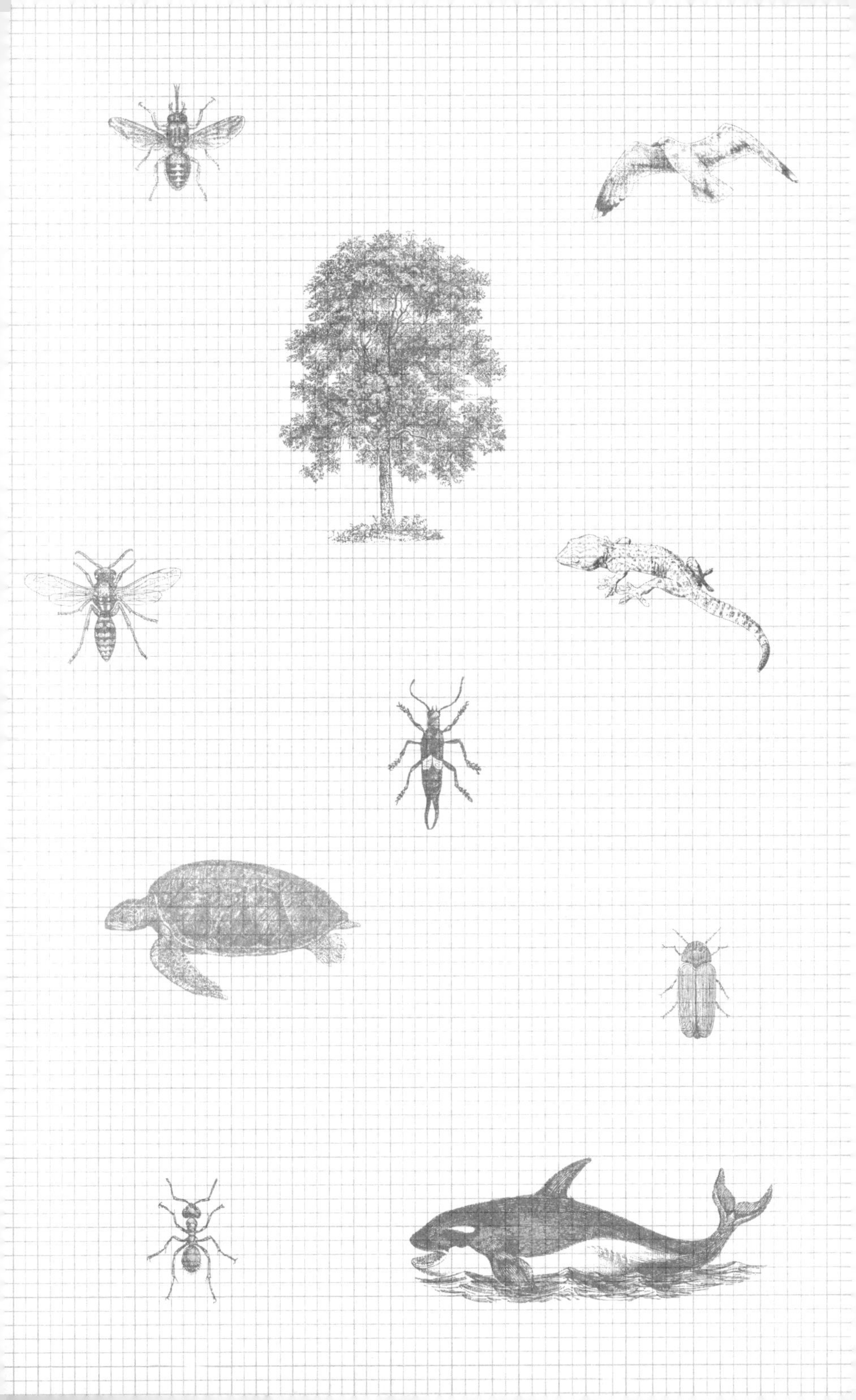